專利與企業經營策略

理論與解析

◆ 黃孝怡 著

五南圖書出版公司 印行

林序——一本思考創新來提升生產力及國際競爭力的好書

　　黃孝怡博士是我很佩服的一位公務員跟學者，還是我指導過的學生，但他根本不用我指導，他在專業上的學問，絕對不在我之下。最重要的是，他好學成癮、孜孜不倦、追根究柢的精神，絕對可以成為社會的表率。

　　孝怡大學是成功大學造船暨船舶機械系，後考入臺灣大學造船及海洋工程所碩士班就讀，畢業後又進入臺灣大學機械所博士班，拿了學位後，就進入經濟部智慧財產局工作。覺得還要充實更廣泛的經濟知識，因此考入臺灣大學經濟所碩士在職專班。在此與我結緣，並找我指導碩士論文。他的碩士論文：《以動態一般均衡模型評估石油稅對臺灣經濟之影響》，都是自己摸索寫出，相當有獨立研究的能力。最近還再讀政治大學科管智財所博士班，現在也達到博士候選人。

　　黃孝怡博士這本書，有別於大部分專利的書都是以法律觀點來看專利，而是以管理和經濟的視角出發，特別側重專利的經濟價值。並以企業經營策略與專利雙向交互影響的角度出發，探討專利與企業資源基礎、企業能力、企業創新的交互影響，以及如何由專利協助企業獲得競爭優勢。

　　本書同時將專利理論、企業經營理論以及專利與企業資源基礎、企業核心能力、企業創新相關的主要理論和重要論文做完整的整理與介紹，對於專利和管理工作者、相關領域的研究者，以及在學的學生都是很好的參考書籍，是市面上少見有完整討論企業與專利間各項關係的專書，內容旁

徵博引，十分豐富。

　　一般認為，臺灣已踏入美國哈佛大學教授波特（Michael E. Porter）所說國家經濟發展的「創新驅動」階段，即企業已具備國際知名度品牌與行銷網路，而除了改善國外技術與生產方式外，本身也經由創新以提升生產力及國際競爭力。此階段中，企業開始以研發為核心，同時強調知識的創造、流通、運用與其加值服務等商業模式的創新。因此，能研發、創造重要的技術或商業價值的人才顯得十分重要，並以如專利等智慧財產權的方式，將這些成果落實為企業重要資產。

　　本書也提到，企業應該以「持續創新」、「資源累積」、「能力培養」三個策略，進行專利的開發與經營管理。的確，企業的專利活動是有助於企業核心能力的培養，例如大立光和以往臺灣光學產業精密鏡片OEM 業務不同，在技術上堅持自主研發，專注在提升產品的品質。當相機的規格愈來愈高，變焦鏡頭逐漸成為市場主流產品時，大立光不對外採購相關技術專利，自行研發變焦鏡頭，面對相機廠商擔憂大立光的鏡頭可能會有侵權的疑慮，公司高層決定將產品轉為手機鏡頭的新興領域，並在國際大廠尚未布局之前，全力投入研發，成為全球手機照相鏡頭的領航者。到了今天，大立光擁有專業核心研發團隊，以及千餘項持有臺灣、美國、日本、中國大陸及歐洲等國專利，並在與三星電子的專利訴訟中取得勝利。大立光的持續創新研發所累積的專利資源，建立了企業的核心功能與核心價值。

　　政府現積極推動五加二產業，需要投入高度技術與資金所研發，這些仰賴知識所發展的產業，更需要落實專利等智財權的管理與策略，以發展新的營運模式，掌握產業轉型的契機。這本書則提供未來應有的規劃方向，告訴我們專利必須要和企業經營策略結合，規劃專利競爭優勢策略，有效開發企業專利資源，提升企業專利能耐，進行專利價值行銷，才可以

建立企業的專利競爭力以及建立企業的競爭優勢。

　　臺灣目前面臨重產業轉型升級的重要關鍵時刻，企業必須從事創新研發，因此專利是非常重要的。企業應該重視對於專利與企業經營的關聯性，因此我在此特別推薦本書。

林建甫

台灣經濟研究院院長

臺灣大學經濟系教授

陳序——推薦符合臺灣現況需求的好書

　　黃孝怡博士請我爲他的新書《專利與企業經營策略：理論與解析》寫序，我雖然不是智慧財產的專業，也不是企業理論的專家，但願意以在臺灣經營企業多年的經驗，分享我對專利和企業經營策略的看法。

　　回顧臺灣近數十年來的經濟發展，從早期農業轉向工業發展時，需要進口大量的國外技術、原料與設備，然後輸出民生工業產品；因此產生大量的國際貿易需求，所以早期臺灣的創業者許多是貿易及中小企業者。此時臺灣靠著廠商藉由緊密社會網路形成的協力能力，以及對市場快速的反應能力獲得貿易利潤，對於技術需求、特別是自主研發的需求並不高。但隨著臺灣累積了一定的經濟力量，特別是科技能力和生產技術有所提升後，再加上臺灣搭上了全球半導體產業發展的列車，因此許多高科技創業者出現，臺灣成爲全球科技代工與生產重鎮。此時臺灣的競爭力主要來自完整的產業供應鏈，以及相對低廉的生產成本。但代工或組裝的產業，缺點是必須使用大量的技術授權，因此要付出高額的授權金。這在早期半導體以及臺灣資通訊產業獲利能力高的時候還不是問題，但近年來因爲相關產業毛利率低，尤其相關的權利金支付不僅造成廠商巨大的負擔，也是臺灣巨大技術貿易逆差的成因，更影響了臺灣的經濟成長。

　　近幾年來，臺灣的產業和政府都設法面對以上的問題。最重要的作法包括發展更多元的產業和開拓更多的市場；例如政府提出的「5+2 創新產業」，以及「新南向政策」。但臺灣現階段要發展的產業，不應該再走技

術自主性低、產品位階低的路線，而應該往高附加價值的產品來努力，此時產品的技術自主性就十分的重要。以本人從事的生技醫藥產業為例，就是一個資本投入高、回收慢、風險高，但獲利也高的產業。這樣的產業面對國際的競爭，就必須具備一定的技術自主能力，並藉以發展企業本身的核心能力，最後才能發展高附加價值的市場端核心產品。而要能具備技術自主性，最重要的不外乎是從事技術的研發，以及以專利保護技術成果。

不過以往臺灣的企業，特別是中小企業，對於專利的了解與運用是不足的；主要因為在臺灣專利比較偏向於法律，比較少拿來和企業經營相提並論，因此許多中小企業對專利的經營較不深入；不像高科技廠商那樣積極。而做為臺灣產業主力的中小企業，其實其經營階層有許多受過一定程度的管理教育訓練，或是具備一定的管理基礎知識，對於法律的問題較不熟悉，通常會把相關業務交給相關的專業人員如公司法務或律師處理。所以如果能夠將專利和企業的經營面連結在一起，才有可能和企業的經營管理者進行對話與溝通，進而提升企業的專利意識。

黃孝怡博士的《專利與企業經營策略：理論與解析》，就是一本做為專利和企業經營之間對話的書。黃博士認為專利、特別是企業的專利活動，可以經由作為企業資源、提升企業能力，以及協助企業創新與知識管理來協助企業獲得最佳的競爭優勢。而企業應該建立自身的「專利能力」，以及重視專利的價值行銷，讓自己的專利能夠獲利。但企業要能在無形資產上獲得利益，背後的基礎是技術的開發和持續的創新。而企業從事專利活動，對於企業從事技術開發和持續創新，具有實質上的幫助。

以上所述的本書主要觀點對於企業的經營者具有很大的啟發作用，因為以上的觀點是從企業的角度出發，以企業經營者所能了解的語言，讓讀者能夠了解專利對企業可能帶來的利益。書中並舉了許多實例和研究，佐證專利對於企業的好處。我個人特別著重關於書中生物醫藥與新創事業中

專利的影響，例如書中提到默克公司開放基因體專利資源對新藥產業的影響，以及專利的訊息功能帶給投資者和創投的資訊；這些都對生技新創產業有具體的啓發，也正是臺灣目前產業轉型正在面對的問題。

　　因此，我認爲這是一本符合臺灣現況需求的好書，我誠心地向大家推薦，讀者閱讀完後必有所啓示。相信本書對於企業的未來發展策略與競爭力的提升，定有助益。

陳振忠 董事長

樂斯科生物科技股份有限公司

岑祥股份有限公司

台基盟生技股份有限公司

金序——重視企業專利，提升企業創新力

　　創新，是經濟成長的推手，也是人類文明進步的重要因素。特別是處在瞬息萬變知識經濟時代下，技術創新策略已經成為企業持續性競爭優勢與成長的原動力。雖然科技與技術創新是企業的武器，創新卻不代表企業的成功與成長。如何成功且不斷地推動技術與產品創新至市場中，並創造產業與企業價值，成為企業經理人的一大挑戰。其中最具指標性的，就是企業是否能有效運用創新的產物——企業智慧財產權，特別是專利的戰略布局與經營管理。

　　專利對於企業的重要性，主要來自於技術創新使競爭更加激烈，國家和企業為了維持競爭優勢地位，紛紛投入技術創新的研發；而各國政府為了促進企業技術創新進步，以法律為手段（專利）保護企業的研發活動與成果，使其在市場上取得技術獨占的地位，在商品化之後可獲得較高利潤，以此成為企業不斷推動技術創新的誘因。這種情況之下，企業投入更多資源來為維持競爭力與未來的競爭地位做準備。2016 年 10 月世界智慧財產權組織（WIPO）發布的《2016 世界智慧財產權指標》（World Intellectual Property Indicators 2016）顯示，2015 年全球專利申請量約 290 萬件，比 2014 年成長了 7.8%，其中中國大陸成長率 18.7%，歐盟成長率為 4.8%，美國成長率為 1.8%，韓國成長率為 1.6%，顯示國際上對於技術創新的活動依然方興未艾。

　　但是專利與技術不同，專利賦予權利人具有實行專利的法律權利，

而技術則包含了 know-how，較難以用文字所表達。專利可以直接作為交易的標的，因其具有排他性、地域性、時效性三大特性，使得專利交易與一般商品或服務之交易大不相同。企業如果被判定侵權行為成立，很可能會使得企業付出大筆的損失；反之，企業也有可能因為專利權運用得當而獲得大筆利潤；專利對於企業在布局上於是漸漸形成重要地位。因此自1990 年代起，專利市場快速地成長，企業除了買賣交易專利之外，也會策略性地使用專利權，阻止對手成長，並擴張自身的獲利。而專利流動性為企業所帶來的經濟效益也已被認可。

然而，專利的交易本身有其困難度，專利是無形資產，要將有形產品的交易模式套用至無形產品是困難的，即因專利交易本質並不像一般產品交易那樣具透明性，專利交易過程中出現了必須面對的難題，比如專利供需雙方潛在專利資訊暴露風險、資訊不對稱、專利交易不確定性以及授權不具效益性等問題，這些問題在在提高交易成本與阻礙，不利於專利交易的進行。因此，企業需要花費人力與物力等搜尋成本，在廣大的專利資訊庫中找到可用的專利，甚至相配的專利。雖然一般交易當中也存在所謂的資訊不對稱的問題，在專利交易上更容易產生「艾羅資訊矛盾」（Arrow Information Paradox），即買方購買之前要知道賣方的專利可以做什麼，才決定購買與否，一旦賣方告訴買方其專利為何，可以充分使用該專利做什麼時，就形同賣方將專利在沒有報償情況之下移轉給買方，這樣對賣方來說無疑是一個損失，相對地，對於買方來說，本身也暴露在汙染風險之下。專利交易過程中也存在許多不確定性，包括資訊不對稱成為策略不確定性原因，加上研發過程與成果也具不確定性，進而造成智慧財產的流動性低，企業無法快速地將智財貨幣化，當成果是否具有可獲利性也是一種不確定時，獲利性的不確定將影響企業投入專利研發的意願，如此也就降低創新的原動力。

　　以上個人僅從專利交易的觀點簡述了專利運用與專利成本回收的困難。雖然我們可以強化交易市場功能、借助專利市場的專利中介者等方式來降低專利交易的障礙。但不可諱言的，這些困難的確降低了臺灣企業在創新與專利行為上的意願。根據經濟部智慧財產局統計年報顯示，臺灣的本國人申請發明專利數量從 2008 年的 2 萬 3 千件，降低到 2016 年的不足 1 萬 7 千件；而外國人申請發明專利數量從 2008 年的 2 萬 8 千件，只降低到 2016 年的約 2 萬 7 千件左右。臺灣向美國申請發明專利的數量，也從 2000 年的第 3 名，降至 2015 年的第 6 名。臺灣在專利上的停滯付出相當大的代價，立法院預算中心就引用全國科技動態調查指出，臺灣技術貿易逆差從 2005 年的 454.4 億元，攀升至 2015 年的 1248.9 億元，增幅達 174.8%，主要就是因為企業在輸入美、日兩國的技術所必須支付的專利使用費或權利金。

　　為了改善以上的情況，以及臺灣的產業環境結構，臺灣的企業除了需要重視創新力和研發與專利，更需要從企業整體經營策略角度來看專利與企業策略之間的關聯。黃孝怡博士是我多年好友，具有工程、經濟、科技管理、公共政策等豐富的資歷，這些資歷與他的專利實務結合，產生了《專利與企業經營策略：理論與解析》這本書。和市面上一般關於專利的著作以及研究論文不同，本書側重的是專利對企業的意義，作者整理了完整的專利理論觀點，並從專利如何獲利的角度出發，提出專利對於企業的意義可以歸結在三個方面：企業資源、企業能力與企業的創新與知識。也就是說，當企業進行專利行動時，除了產生做為交易的標的與權利保障的專利，也影響了企業的本質，有助於企業的競爭優勢。因此，企業必須將專利行動視為企業策略的一環，與經營策略一起考慮。這對目前臺灣許多企業常常將專利窄化成為公司的法律問題，有醍醐灌頂的作用。

　　此外，本書引用了豐富的學者研究和實例，闡述了專利和企業密不可

分的關係；特別在最後，作者提出企業必須重視專利策略、專利開發、建立專利能力以及專利行銷；特別是作者明白揭櫫專利行銷的內涵就是價值行銷。個人認為，本書的確可以做為企業管理領域的人士了解企業與專利關係的重要參考，更有助於專利與企業管理兩個不同領域的溝通，因此誠摯向大家推薦。

金必煌

東海大學企業管理系副教授兼創業與組織領導組召集人

緒論——結合專利與企業管理策略建立專利競爭力

企業面臨的專利問題

從事專利工作的人，常常會感嘆無法說服企業從事專利的申請與經營。他們最常面臨的問題是被企業經營者問到：「專利的價值是什麼？」「公司如何靠專利獲利？」而從公司經營者的角度來看，公司明明就有法務人員或委託的事務所，為什麼還要我們管理階層去了解專利的細節是在做什麼呢？

這是一般存在於業界的狀況，是企業內常見的對於專利的成見；因為專利沒有和企業管理領域的「五管」有直接關聯，經營管理者並不熟悉；另一方面，專利又不像會計和公司治理，有許多政府強制的規範和法律，甚至企業界還慢慢興起一股「法遵」熱；而專利只是一種激勵措施，政府可以鼓勵企業進行專利活動，但對企業沒有強制的作用。

但以往許多實例和研究都證明，專利和企業的經營與競爭優勢有很大的關係。而另一方面，雖然相關的研究結果很多，但多偏向單一和細節的問題；對於研究者和實務界人士而言，仍然缺乏一部以全觀角度談論專利和企業管理的著作，使專利或法律工作者，以及企業管理階層能以共同語言溝通，以使得專利成為企業中的共識，也使得專利有機會在企業獲取其真正價值與地位。

為專利與策略管理搭一座橋

本書的目的就是希望能為專利和管理領域搭一座橋，讓專利和管理的研究人員能同時接觸兩個不同領域的語言和觀點，並能了解專利對企業的管理意涵。而本書認為對於跨領域的溝通而言，真正該交流的核心價值與思維其實都藏在「理論」中，因此本書的內容將偏重在理論的說明，而為了讓讀者更容易了解，因此附有一些實例可以和理論互相參照。

本書希望協助的對象

本書預期的讀者對象是有專利或管理基礎的人，當然對於技術人員也可以提供一些跨領域的協助。雖然對於不熟悉或非本身專業領域知識的人，有些內容乍看之下難以理解，但其實仔細回想，在公司中不同職務的人員在討論與會議中，常會不經意討論到「專利布局」、「專利價值」、「專利商業化」、「公司核心能力」、「競爭優勢」這些名詞。也就是說，這些語彙和其代表的思維，其實已充斥在許多人的周圍了，因此對於所有企業內的人員，熟悉這些概念對職涯是有益的。

本書的結構

本書首先將介紹專利的理論，專利如何獲利？和專利價值等專利常見的議題，其中的內容側重企業與專利的關係。然後引入企業的概念以及企業經營策略的觀念，並從資源觀點、企業能力觀點、創新與知識觀點討論企業如何以策略獲得競爭優勢；以及從資源觀點、企業能力觀點、創新與知識觀點來看，企業專利對企業競爭優勢的影響。最後本書將結合企業專利與企業經營策略，提出如何提升企業專利的競爭力。

本書的寫作方式

本書的寫作方式是每章都以一些重要的論文作為章節核心概念來源，然後以其他文獻作為補充。因此在某些章節中，某些文章或作者的觀點會具有較大篇幅，而雖然「主要文獻」都盡量選擇在學界已有影響力的文獻，但文獻的選取仍然是作者個人主觀選擇的結果，不一定代表文獻真正的重要性。

特別說明

因為通常在管理領域，有 Capabilities 與 Compentence 兩種代表「能力」的英文單詞，為了避免混淆，因此以「能力」代表 Compentence，以「能耐」代表 Capabilities。本書中只要使用「能耐」一詞，就是代表英文 Capabilities 的意思。但在一般非專有名詞的描述中，仍以「能力」通稱。

希望本書的出現能為企業專利與企業經營策略的結合有一點促進作用，這是作者撰寫本書的最大目的。

誌謝

本書能夠產生，要感謝我的雙親；以及臺大經濟系林建甫教授的指導及賜序。還有我在政大科管及智財所就讀時曾經修習課程的諸位老師的教導和啟發，在此一併致謝。

目錄

第一章　專利基本理論

　　一般談到專利，通常強調的是專利做為智慧財產權重要的一部分，應該重視其對於創作成果的保護力；因此必須藉由完備、合理、明確的法律制度來達成。所以關於專利的討論常偏重在專利法與專利制度的相關議題，包括：專利申請的主體權益、適格客體、專利要件、訴訟制度、侵權賠償等。專利法的思維基礎來自對財產權以及人格權的保護，其中的主體包括自然人和法人；而專利保護的思維基礎是道德性、哲學性的，也就是非功利角度的。但如果考慮的是企業層面，就必須思考關於企業經營，如投入產出、績效評估等問題，以及專利是否對於企業有實用價值的問題。而要分析以上的問題，必須由經濟觀點切入，也就是功利角度。特別是自上個世紀關於智慧財產權（特別是專利）實證研究的結果可以得知，在智慧財產權制度的運作與維護過程中，實用性占有很大的比例，因此專利的功利觀點也十分重要。

　　但另一方面，由於壟斷的能力和回報效益的不足，許多創新者對專利制度的信任逐漸下降，降低了創新者使用專利制度的動機，甚至出現質疑智慧財產權制度（特別是專利權）效益的聲音。因此近年來智慧財產權制度（特別是專利權）對商業價值的貢獻愈來愈成為熱門的議題。而 Menell（2003）[1] 在《Intellectual Property: General Theories》一文中，整理了智慧財產權研究觀點的演進歷程以及分類；他對於關於智慧財產權理論的探討不限於法律理論的觀點，也包括了功利主義的觀點。

---

[1]　Menell, P. S. (2003), "Intellectual Property: General Theories"

　　Menell（2003）提出了兩類關於智慧財產權理論的研究途徑：功利性
（Utilitarian）智慧財產權理論，和非功利性（Non-utilitarian）智慧財產權
理論。功利性理論者認為智慧財產權的創造是促進創新的適當手段，但也
強調這些權利的期限應該要有限制，以平衡專利制度下市場壟斷造成的社
會福利損失。至於非功利主義（Non-utilitarian）理論者強調創作者是以自
己的意志進行創作的工作，社會因素影響不大，因此智慧財產權制度應該
提供完全的創作者保護。但近年來隨著資訊科技、數位內容、生物資源等
涉及複雜智慧財產權問題的技術出現，使得智慧財產權（特別是專利權）
的問題更為複雜，必須同時考量創作保護和經濟效益。

　　但不論是功利性還是非功利性的智慧財產權理論，對專利法的理論都
有重要的影響。從專利法的起源來看，專利的出現和特許收入有很大的關
聯；但專利法應該賦予創作者怎樣的權利，必須從非功利的法律哲學角度
思考。因此現代專利的法律理論是一個結合功利和非功利理論的產物；所
以本章將先討論功利和非功利理論，再討論專利法的理論。要特別說明的
是，本書關注的只是智慧財產權中的專利，對於其他的智慧財產權則不在
討論範圍內。根據以上說明，本章的內容包括：

- **功利性理論**：早期經濟學中的專利分析、福利經濟學與專利、經濟
  成長理論與專利、創新理論與專利、智慧財產權經濟學、專利寬
  度與審查的理論。
- **非功利性理論**：自然權利 / 勞動理論、人格權理論、自由主義理
  論、不正義的富裕、分配正義。
- **專利的法律理論**：前景理論、競爭創新、累積創新、反公地理論、
  專利叢林。

1.1 功利性理論

Menell（2003）提到一個關於專利的功利觀點說法是：功利性（Utilitarian）作品如技術發明適用於功利主義（Utilitarianism）是很合理的，因為如美國憲法明確規定，授權國會在實用主義基礎上制定專利和版權法，以「促進科學和有用藝術的進步」。特別是因為專利涉及的是新的功利性技術發明，如設備、製程以及產品等，和純粹以個人興趣及創作慾望產生的文學、藝術、音樂及電影等情形不同。專利這類被視為功利主義的產物，其社會價值主要在提升產品性能或降低生產成本；因此專利的功能就是基於功利主義來保護這些作品。而功利主義的主要的分析方法是經濟學理論，我們可以用經濟學觀點來分析專利理論，所以 Menell（2003）介紹了不同經濟學理論對專利的分析。另外在功利主義觀點下，專利的發展和世界經濟的發展歷程有關，專利也歷經了重商主義民族國家、工業革命到現代資本主義經濟的興起和發展。以上的觀點合理的說明專利的功利性與經濟密切的關係，因此本書以下將簡述專利發展歷程與不同理論學派學者對於專利的功利性的經濟學觀點分析。

一、早期經濟學中的專利分析

回顧專利的歷史，通常被視為專利濫觴的是威尼斯參議院於 1474 年頒布的第一項專利法規：只要製造者提供了任何新穎的裝置，使其可以被使用和操作，就可獲得 10 年具有排他權的特許實施期。Menell（2003）提出這樣的做法引起其他各國的仿效，紛紛採取以壟斷權保護發明的作法，後來也影響了文學出版者和作者保護創作的方式。Menell（2003）說明了早期經濟學者對專利的分析，他認為最初智慧財產權制度的構想是以壟斷權力來刺激創作，做為經濟學開山之作的《國富論》作者 Adam Smith（亞

當史密斯）雖然提出市場上「看不見的手」概念，反對市場上的壟斷；但他也認為因為創新需要大量的投資和風險，因此必須要有限的壟斷權力來促進創新和商業。英國哲學家 Jeremy Bentham（邊沁）進一步主張以有限的壟斷權力保護智慧財產權的理由：因為如果任何人都可以模仿創新者的發明，那麼創新者和模仿者所承擔的差異固定成本會不同。因此如果沒有法律的保護，模仿者無需付出發明者付出的時間和金錢，就可以用較低的價格出售產品，則發明家幾乎就會被對手驅趕出市場。歸納以上的思考可以得到：專利制度是鼓勵發明所必要的，主要原因在於專利制度只要花費最小的社會成本，就可以鼓勵發明創新，並藉以推動社會發展。19 世紀哲學家 John Stuart Mill（彌勒）也認為專利壟斷是正當的，認為暫時的排除性權力應該比一般政府獎勵更為優先；因為它確保對發明人的獎勵與「該發明對消費者實用性」成正比。

二、福利經濟學與專利

　　但不是所有的研究者都認為專利對創新和社會整體都是正面的，有些學者從不同角度質疑了專利的效用。Menell（2003）提到上世紀知名福利經濟學家 Pigou（庇古）在 1924 年以現代福利經濟學架構下說明「公共財」（Public Goods）和智慧財產權的關係；所謂公共財是指無競爭性（Non-rivalrousness）與無排他性（Non-excludability）的財貨，消費者可不受限使用公共財，而且如果某甲使用某公共財，並不會影響某乙使用該公共財。與之相反的則是「私有財」（Private Goods）。Pigou 提出了專屬性（Appropriability）的問題，認為專利法的目的在實現將邊際私有產品（Marginal Private Net Product）和邊際社會淨產品（Marginal Social Net Product）更緊密地結合在一起；透過對某些發明提供獎勵的前景，但以上作法實際上並沒有明顯刺激大部分自發性的創造性活動，而只是將其引導

到一般有用的管道。另外，以福利經濟學的角度來看，發明創新所帶來的市場領先優勢所造成的超額利潤，已足夠補償其發明活動所耗費的成本，專利制度反而會因壟斷市場而減少社會整體的經濟福利。

三、經濟成長理論與專利

在經濟成長理論上，Menell（2003）引述了在經濟學界以提出外生經濟增長模型（Exogenous Growth Model）而知名的 Robert Solow 在 1957 年提出的經濟成長模型。該模型表明美國經濟在 1909 年至 1990 年期間，生產力年增長率大部分是因為技術進步和人力資本中勞動力增加。後來 Denison 在 1985 年的類似分析，結果發現在 1929～1982 年期間由於科技知識的進步和生產力提高，經濟的成長仰賴勞工教育改善、資本密集度增加及規模經濟的實現。由此 Solow（1957）得到了技術進步和增強的人力資本，是美國和其他工業化國家經濟增長的主要動力的結論，而各國莫不設法提升本國的科技進步與生產水準。一般而言，提升國家技術水準的方法不外引進外國技術和自行研發，自行研發又不外國家投資研發、國家對研發進行補貼，以及採取有效的激勵制度。有文獻說明激勵制度如專利等不一定是效果最好的方法，但專利制度的功能不僅僅在於激勵作用，它也可以做為市場訊號、交易標的等功能，之後本書會加以討論。

四、創新理論與專利

（一）Schumpeter 的創新理論

對於創新（Innovation），20 世紀初的經濟學家 Joseph Schumpeter（熊彼得）是相關領域的開拓者。Schumpeter 在《經濟發展理論》中提出他的「創新理論」。他以經濟學的角度提出，「創新」是建立一種新的生產函數，而這種生產函數是生產要素的重新組合，而且要將新組合引進生產體

系來實現。而肩負創新責任的，就是企業家。透過新組合企業可以獲得超額利潤，而經濟發展就是這種不斷創新的結果。簡單來說，經濟發展會在某個時期因創新的推動而產生質變，而創新的本質就是由企業家能力來推動現有資源的組合。

Schumpeter 提出關於創新的五種類型包括：

• 採用一種新的產品，包括消費者還不熟悉的產品或產品的一種新特性。

• 採用一種新的生產方法，是尚未透過相關製造部門驗證的方法，而且這種新方法不需要建立在科學新發現的基礎之上。

• 開闢一個新的市場，也就是製造部門以前不曾進入的市場，不管這個市場以前是否存在過。

• 獲取或控制材料或半成品的新供應來源，不管來源是已經存在的，還是首次創造出來的。

• 實現一種新的產業組織，例如造成一種壟斷地位，或打破一種壟斷地位。

這五種類型後來被簡化描述成產品創新、技術創新、市場創新、資源配置創新和組織創新。而 Schumpeter 對於創新的看法隨著時間有所不同，早期他重視企業家在創新成功中的作用，因爲存在於社會各階層的慣性是妨礙創新的阻礙，而企業家就是爲了打破創新的阻礙而奮鬥，這樣的看法被稱爲 Schumpeter 第 I 型（Schumpeter I）的創新。後來 Schumpeter 修正了他的看法，提出創新是透過「創造性破壞」（Creative Destruction）的過程連續打破市場和組織結構關係，技術創新爲暫時壟斷利潤提供了機會；因此大型壟斷企業是技術創新的主要來源，因爲他們最能承受技術創新的高成本。這樣的看法被稱爲 Schumpeter 第二型（Schumpeter II）的創新。Schumpeter II 創新的看法等於支持了專利提供的市場排他性造成的壟

斷，是有助於創新的。

（二）創新動機與專利

Menell（2003）另外引用了 Rosenberg（1976）指出的，也就是美國著名發明家 Thomas Alva Edison（愛迪生）的例子，Edison 先了解現有的天然氣照明市場，再與天然氣行業的形式結合，將電氣照明市場化。也就是將技術發明和商業模式結合，借用原來市場的壟斷地位將其創新的技術擴散。但有學者認爲是競爭而不是壟斷造成了創新的推進，Menell（2003）也整理了學者的相關意見，即競爭的動態是否加劇或改善與創新相關的公共財？例如有學者認爲隨著時間的推移和創新成本下降，專利創新者間的競爭會導致創新愈來愈快；而具有壟斷地位創新者因爲不用面對潛在市場進入者，往往會創新太慢。但具有壟斷地位創新者可能有動機在新進入者在市場立足前，以新技術專利維持壟斷力。

Menell（2003）認爲 2014 年諾貝爾經濟學獎得主 Tirole 的看法可以解釋以上的問題。Tirole 在 1988 年指出前述的問題和兩個效應相關：效率效應（Efficiency Effect）和替代效應（Replacement Effect），因爲在任何市場中壟斷性利潤都高於寡頭利潤，壟斷者追求研究與開發以求維持現有市場的動機會大於潛在市場進入者進入市場成爲雙寡頭壟斷者（就是追求和目前壟斷者相同地位而不是取而代之）的動機，這就是效率效應。另一方面，壟斷者因爲已賺得高額利潤所以較少追求創新，壟斷者的創新只能取代全部或部分現有的壟斷利潤，而不像潛在進入者那樣可以由創新獲得更多的利潤，這稱爲替代效應。在激烈創新的情況下，由於潛在進入者會變成壟斷者，所以替代效應占主導地位；在非激進創新情況下，由於壟斷者的壟斷力會持續，所以效率效應占主導地位。

（三）激勵創新的專利替代品

以上的研究途徑是以實際上專利產生創新價值的機會來做分析，但不一定只有像專利這樣具有法律保護的機制才能產生創新價值；有些商業模式、市場機制和某些社會制度可能強化智慧財產權的使用，例如透過契約、授權、交互授權、策略聯盟等方式將專利活化的機制。但也有學者研究獎勵，補貼和法規等可以替代智慧財產權的制度，並在激勵創新與保護創新方面和智慧財產權制度進行比較。其中社會或政府的規制力量，包括法律、輿論、社會價值觀等也對創新有所影響。如在 1991 年，Michael Porter 提出了環境規制（Environmental Regulation）可能對本地企業具有正向的作用，主要在和外來競爭者和創新方面。其他的一些論述也提出如果國家接受比其競爭者較嚴格的環保標準，其結果將導致創新的增加並使得該國成為新環保技術的淨出口國，這個環保規制和經濟效能之間關係的假設，就是著名的 Porter 假設（Porter Hypothesis）。

例 1-1　**規制對創新的影響** ✐

Palmer（1997）[2] 討論了規制對創新的影響，Porter 在其著名的假設中並提出因舊的冷媒被禁用而使得杜邦（DuPont）公司發展較無害的冷媒替代物。其他的例子包括因為環保規制《清潔空氣法》（Clean Air Act）限制有害物質排放而造成的造紙科技創新。但在更多針對 Porter 假設的進行經濟分析後，有一些不同的論點出現了 ，包括：第一，Porter 關注的是在問題輸出而非過程。在環境規制與創新關連中，這是一個比較窄（Narrow）的觀點，而且是一種確定的（Certain Type）類型。但幾乎所有美國的環境問題不是此類的問題，在實證上的支持也

---

[2] Jaffe, A. B., & Palmer, K. (1997), "Environmental regulation and innovation: a panel data study", The review of economics and statistics, 79(4), 610-619.

不足。

第二個觀點是環境規制的限制影響了企業的獲利機會，他們必須採取新的行動以突破此限制而達到最大的獲利；因爲最大化外加限制不能改善輸出，因此 Porter 的觀點暗示企業必須考慮機會成本會超過其獲利下，才會進行附加的、如環保的創新。而另一個對 Porter 假設的不同觀點排除了前述利潤最大化矛盾，並提出在正常環境下營運的企業不需要新產品或新程序上尋找利潤機會；從積極面的角度來看，新的規制可能擴展他們的想法或觀點，並有助去尋找新的符合規制承諾的產品或製程。

相對於以壟斷地位預期獲利造成的創新激勵，競爭狀態對於創新的影響呈現在降低無效的重複成本，和必須提供更高的創新投資才能維持領先的地位。在競爭環境下的企業爲了在市場上生存，必須透過研發獲得專利，以降低競爭對手能夠在市場上成功實現同樣發明的可能性；這樣才可能加速企業的投資速度，以讓企業能獲得持續性的競爭優勢；這是本書強調的重點之一，後面的章節將詳細說明。早期專利法在制定時著重在對創新者的保護，對於市場的影響並不是考慮的重點。通常對於市場秩序和市場結構相關的法律是反壟斷法或公平交易法，而這些法律和專利法的暫時性市場壟斷權會形成競合的情況，比較好的方法是用經濟學的方法來做市場分析，以呈現兩者競合下對市場的作用效應，這也成爲專利理論研究愈來愈被重視的一個領域。

五、智慧財產權經濟學

前述曾經提到專利的功利主義研究途徑不能與經濟學分開，而經濟學者也始終沒有忘記智慧財產權這個議題，不論古典的市場壟斷、產權角度

以及制度經濟學，甚至是以賽局分析專利的競爭行為與預期收益。Menell（2003）提到 1960 年代經濟學的芝加哥學派（Chicago School）承接了芝加哥法律與經濟學的傳統，一些學者質疑資訊的公共財屬性是否可作為思考智慧財產權問題的合適起點？這些學者從財產權的相關文獻中得到洞見，認為應該提供強大的智慧財產權，市場才可以透過談判來確保有效的資源配置。到了上個世紀後期，經濟學家愈來愈把注意力轉向著眼於如何設計智慧財產權以最有效地推進創新。例如 Nordhaus 在 1969 年提出一個分析專利期限的經典研究（詳見例 1-2），研究證明專利保護最佳期限應該考慮對創新的激勵和壟斷造成的損失之間的平衡。

　　Menell（2003）認為，到了 20 世紀 70 年代初，經濟學上關於智慧財產權的分析主要有三個方向：

• 以傳統新古典主義分析為基礎的市場失靈問題

　　例子是如果書籍是公共財，任何人可以複印，著作權人無法保護自己權益，則著作權人會降低出版著作的意願，造成書籍市場的供給不足，形成市場失靈；而以著作權法保護著作權則是一個解決的方式。

• 芝加哥學派傳統的產權研究

　　主要是由諾貝爾經濟學獎得主 Ronald Harry Coase（柯斯）提出的產權研究架構，如果產權清楚且交易成本為零，且能自由交換時，即使由法律規定的權利分配不當時，市場會透過自由交換得以修正。而智慧財產權作為一種無形資產產權，因此成為產權研究的重要主題之一。

• 制度經濟學的比較制度研究

　　即不同智慧財產權制度的研究。

例 1-2　Nordhaus（1967）的專利年限研究 ✒———————

• Nordhaus（1967）的數學模型

Nordhaus（1967）[3] 提出專利的經濟分析模型，他將專利保護其分成三個階段：第一階段時各企業處於完全競爭狀態，產品的平均成本和邊際成本相同。第二階段有企業從事技術創新研發而獲得專利，而此專利會造成此階段市場的完全壟斷。雖然 Nordhaus 認為此階段造成完全壟斷的原因，是由於擁有專利者的技術創新，使得企業的平均成本低於其他企業，因而將其他企業逐出市場。例如握有專利的先驅藥廠在專利連結制度下能有效阻止或拖延後續競爭者（學名藥廠）獲得 FDA 核發的藥物上市許可證，因而形成暫時性市場壟斷，也造成醫藥專利擁有壟斷市場的能力。而此第二階段的期間長度也等於專利保護期長度。到了第三階段，專利保護到期時，其他企業都能無償使用專利的技術，市場又回到完全競爭狀態；但由於專利的技術被普遍採用，該專利保護的產品生產成本會下降，市場中產品的價格也會下降。

Nordhaus（1967）進一步以社會總體福利的角度來探討專利最佳的保護期限，由於專利到期後，專利的技術可以讓其他企業使用而造成成本下降，商品售價也下降，因此消費者福利增加，所以全體社會福利也會增加。根據以上的推導，Nordhaus 提出了以下結論：

(1) 當需求曲線上的最初均衡點弧彈性大，也就是需求隨價格變動大，專利保護期內消費者隨成本下降帶來的福利損失變大；但生產者剩餘不變，所以整體社會福利變小。因此縮短專利保護期才能對社會有益。

---

[3]　Nordhaus, W. D. (1967), "The optimal life of a patent (No. 241)", Cowles Foundation for Research in Economics, Yale University.

(2) 在相同成本支出下如越能獲得技術上長足進步，企業可獲取折現收益愈大、成本愈低。此時專利保護期限影響不大。

Nordhaus（1972）[4] 於 1972 年進一步說明了更多關於其研究的結論：

(1) 一旦專利保護期限達到六年以上的年限，才會產生福利效應，而專利制度對專利的年限並不敏感。

(2) 對於成本降低百分之五以下的小發明，與專利制度相關的壟斷損失很小。

(3) 對於相對容易的發明，專利的年限可能太長。

- **Scherer 對 Nordhaus 理論的幾何詮釋**

由於 Nordhaus 的理論數學過於繁複，因此 Scherer（1972）[5] 以經濟學的幾何模型說明 Nordhaus 的理論。Scherer（1972）說明他與 Nordhaus 一樣，認為發明創新不是免費商品，要做出降低單位生產成本的發明，必須投入研發和開發（Research and Development, RD）支出。而生產製造中以「單位生產成本降低函數」（Unit Production Cost Reduction）（B）作為研發 RD 的成效，代表研究投入愈多，成本節省就愈多。為了數學方便，Scherer 和 Nordhaus 都只考慮了非常簡單的發明可能性函數。

從圖 1-1 的成本與產量關係圖來看，最初生產是在競爭條件下以單位成本和價格 C0 進行，如果有企業利用發明專利將單位成本降低到 C1 可能使其他企業退出該產業，每年的生產量 X0 下，可享有圖 1-1 中面

---

4 Nordhaus, W. D. (1972), "The optimum life of a patent: Reply", The American economic review, 62(3), 428-431.

5 Scherer, F. M. (1972), "Nordhaus' theory of optimal patent life: A geometric reinterpretation", The American Economic Review, 62(3), 422-427

積 C0EAC1 的壟斷地位造成的超額利潤；或者可以向現有的生產商授
權專利，並從中提取相同的超額利潤 C0EAC1。但即使該專利賦予壟
斷權力，也不允許專利權人收取高於完全競爭過程成本 C0 的價格。因
此，如果有競爭價格附近的需求不是非常有彈性的話，專利壟斷下的
最佳發明價格和數量將與發明前的均衡一致。因此 Nordhaus（1967）認
為發明的減少成本不足以引起價格下降和產出擴張，但 Scherer（1972）
認為如果發明降低成到 C2，新的水平的長期成本曲線和壟斷者的邊際
收益曲線（MR）交點顯示的產量將比完全競爭時的產量 X0 高。

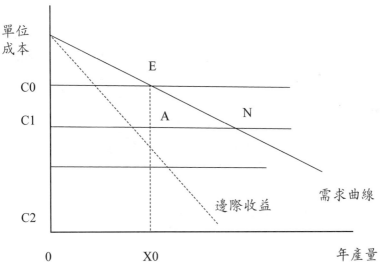

圖 1-1　生產成本與年產量關係〔Scherer（1972）〕

既然由於實施中的發明沒有產生產量增加效應，專利權人每年的壟斷
租是生產成本降低函數（B）的線性函數。對於給定的專利年限 T =
T*，專利壟斷者的「準租金函數」Q（B，T*）在圖 1-2 中可表示為直
線。在給定市場需求和競爭性供給條件下包括本發明的可能生產成本
降低函數 B（RD）和一些專利年限 T * 下，企業可透過將 RD 支出擴展

到使發明成本函數 B（RD）與準租金函數 Q（B，T＊）之間的水平距離
為最大值，並藉此獲得最大利潤。

Scherer（1972）說明在給定技術和市場條件下增加專利權的年限，則壟
斷租金的年數增加，如圖 1-2 所示，準租金函數 Q（B，T）也會向右
移動。為了簡化模型起見，還必須有一些基本假設：如專利生效的同
時獲得其全部壟斷權利、競爭性模仿將在專利到期日完全消除超額租
金、忽略由外部技術變革而發生的模仿遲滯、以及專利迴避手段後，
Scherer 和 Nordhaus 都認為。專利年限愈長，利潤最大企業將承擔降低
成本的 RD 支出。

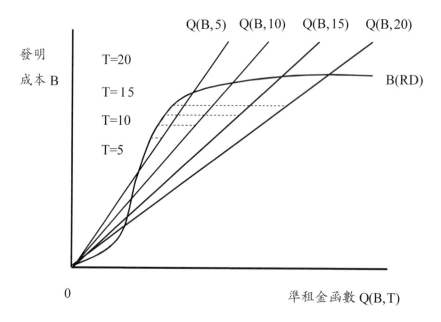

圖 1-2 　發明成本函數 B（RD）與準租金函數 Q（B，T＊）關係〔Scherer
　　　　（1972）〕

因此從以上角度來分析專利的社會福利時，首先從圖 1-1 來看，發明
降低成本而使得價格降至 C1，生產者在專利保護期間可獲得生產者剩

餘（Producer's Surplus）C0EAC1；但當專利到期時，價格還是維持在
C1，而且產量增加，此時源生產者不再享有超額利潤，反而消費者獲
得新的消費者剩餘（Consumers' Surplus）C0ENC1。從經濟學的福利角
度來看，價格下降是犧牲了專利保護期間內的「福利三角」，即圖 1-1
中 EAN（=C0ENC1- C0EAC1）的面積，以及廠商研發成本（RD）換來
的。所以要找到最佳專利年限，要將「福利三角」和廠商研發成本的
邊際延遲平衡，也就是要以專利年限來刺激成本的降低。由於專利年
限延長引起成本降低 B 的數量上升，社會必須等待更長時間才能適應
福利三角 EAN，所以專利年限不能太短。

- **結論**

結合 Scherer 和 Nordhaus 的觀點，專利年限太長會影響社會福利；但當
成本和價格降低造成產量增加時，社會必須等待更長時間才能適應福
利，所以專利年限不能太短。因此合理的專利年限應該在一個區間中。

六、專利寬度與專利審查的研究

　　如前所述，當專利與創新和市場競爭產生相關性，或是專利的保護期
限和保護範圍會影響專利的價值、專利的布局，則專利將進而間接影響企
業的壟斷定位及競爭地位，甚至再間接影響產業的發展。因此產生一個問
題：政府的專利政策會影響專利嗎？這些政策又是如何影響專利的？這方
面的研究中有一個很重要的關鍵課題：專利審查（Patent Examination）。
主要是因為在 Nordhaus 的保護期限模型之後，研究者加入另一個專利政
策工具：「保護寬度」。專利最佳保護寬度成為一些研究者關心的研究議
題，保護寬度決定專利機構在審查專利時給予專利權利保護範圍，而這和

審查過程有關，因此對於專利的審查也成為近年另一個延伸出來的研究主題，而且不乏實證的研究。

專利審查是一個複雜的、具有高度主觀性的過程，美國第一位專利系統的主持者、也是美國第一位專利審查員，美國開國先賢及總統 Thomas Jefferson（傑佛遜）曾指出「在那些是值得向大眾公開的獨家專利和那些不是的事情之間，畫下一條線是困難的」（The difficulty of drawing a line between the things which are worth to the public the embarrasssment of an exclusive patent, and those which are not）。專利審查先天存在一個難題：就是專利權的目的是提供一定期限的獨占權力給創新者，以鼓勵企業創新並公開其創新研發成果，並促成整體技術進步與經濟發展。但市場獨占性會降低整體社會福利，所以必須減少專利的期限和範圍；但較少的專利期限和範圍會影響企業利潤，降低企業投入研發並公開其技術的意願。因此如何拿捏以得到最佳結果，成為最大難題。

然而對於專利審查的研究，一直到近年才陸續有相關研究出現。相關的研究多半以量化的方式研究專利審查影響哪些專利的特性變數：如申請專利範圍項數、引證案數、被引證次數、審查期長短、核駁率等。對於審查者特性和行為與審查結果差異的關聯性較少研究，直到近年來才陸續有相關研究出現；但審查者特性和審查行為可能才是影響專利申請審查結果差異的關鍵。對於審查者特性與審查結果差異，Cockburn 等人（2002）[6] 以美國專利商標局的資料和美國上訴巡迴法院（Court of Appeals for the Federal Circuit, CAFC）在 1997 至 2000 年終 197 個專利訴訟案進行研究，

---

[6] Cockburn, I. M., Kortum, S., & Stern, S. (2002), "Are all patent examiners equal?: The impact of characteristics on patent statistics and litigation outcomes」, *National Bureau of Economic Research.*

得到專利審查的不一致性，而這些不一致性來自審查員的特質，如他們審過的專利數量，以及他們審查過的專利被後續申請案作爲引證案的程度。但在 CAFC 被判無效的專利中，並沒有證據顯示和審查員審查經驗和當時工作負擔相關。Sampat 等人（2004）[7] 提出美國專利商標局提出愈來愈多低品質專利，也就是在考慮全球先前技術的情形而不該准予的專利。而審查員的能力和激勵決定了對於先前技術的檢索。此外，審查員的年資和經驗，以及能力也決定了准予專利的數量。Lemley 等人（2012）[8] 以美國專利商標局從 1992 到 2012 年的雇員名錄作爲審查員的基本資料，針對審查的結果發現，愈資深的審查員較少檢索前案，也比較容易核准案件。

對於審查者行爲與審查結果差異，學者提出了激勵制造成審查行爲的改變，Langinier 等（2009）[9] 研究獎勵審查員的激勵機制和專利核准和核駁的關聯性，以及審查員核准行爲和職業生涯的影響。研究發現對於核駁的獎勵和這些獎勵和生涯相關會激勵審查員檢索較多前案資料。Tu（2012）[10] 以實證資料指出在美國專利商標局的內部的審查員之間有著不一致性，Tu（2012）發現審查員中存在兩種傷害專利制度的群體，一種是「橡皮圖章」（Rubber Stamp），即很少檢視或要求修改申請專利範圍的一群，第二種是核駁掉太多事實上是好的專利。而會造成這樣的狀況可能是激勵制度造成的。

---

[7] Sampat, B. N. (2004), "Examining patent examination: an analysis of examiner and applicant generated prior art", Georgia Institute of Technology, working paper.

[8] Lemley, M. A., & Sampat, B. (2012), "Examiner characteristics and patent office outcomes", Review of Economics and Statistics, 94(3), 817-827.

[9] Langinier, C., & Marcoul, P. (2009),「Monetary and Implicit Incentives of Patent Examiners」(No. 2009-22), University of Alberta, Department of Economics.

[10] Tu, S. (2012), "Luck/unluck of the draw: an empirical study of examiner allowance rates", *Stan. Tech. L. Rev.*, 10.

1.2　非功利性理論

　　關於非功利（Non-Utilitarian）智財理論，最常被專利法哲學研究者提到的包括 17 世紀英國哲學家 John Locke（洛克）的勞動財產權理論：即勞動是屬於個人的，而勞動會增加價值，所以勞動者應享有勞動成果的財產權；而作爲生產智慧財產基礎的資訊爲公共資源，透過勞動才可產生智慧財產權。另一個最常被提及的是則是：18 世紀德國哲學家 Immanuel Kant（康德）的「人格理論」：即基於「人」的不可動搖的地位和自由意志，在個人意志選擇的範圍下設定財產權的權利不可動搖，且具有排他性和正當性。而創新的智力成果是出於個人意志，且在個人意志選擇範圍下設定了智慧財產權，所以智慧財產權不容侵犯。除此之外 Menell（2003）還提出了其他的理論分類，我們詳細說明如下。

一、自然權利／勞動理論

　　關於專利法哲學理論，最常被提及的是勞動財產權理論和人格權理論。勞動財產權理論是在 17 世紀末英國的 John Locke 在《政府論次講》（Second Treatise of Government）中提出。Locke 討論財產權的目的主要是針對英國國王會未經國會同意即課予人民重稅，所以 Locke 強調在自然狀態下人們享有普遍的天賦權利，包括生命權，自由權和財產權，因此政府對人民的生命權、自由權和財產權不可任意剝奪。而人類的財產權是從何而來的呢？Locke 認爲世界是上帝賜給全人類的，當上帝把世界賜給人們時，是把整個世界賜給所有人，而不是把世界某一部分賜給某個人。因此個人必須透過勞動，將公有的土地劃歸私有。

John Locke 在《政府論次講》（Second Treatise of Government）[11] 中說到：

將世界普遍給予世人的上帝，也給了他們理由去利用這世界以獲得生活和便利的優勢，給予人類的地球及其中的一切都是為了支援和安慰他們的存在。地球上自然生產的果實及哺育的動物，都是由自然之手創造的，因此都該屬於人類共有；沒有人有一種屬於私人權利的基本權利可以排除其他人類的使用，因為它們是處於自然狀態。但它們是被人類使用的，在它們能被特定的人使用或產生益處之前，必須有一些方法讓特定的人專屬它們。美洲野生的印地安人沒有圍籬和疆界，仍然是他們的領土的共同租戶，但如果他們之中有任何人從水果和鹿肉得到益處，則此問題中的食物必須是他的且在沒有其他人保留權利情況下屬於他的。

至於財產權是怎麼來的？Locke 的看法是：

雖然人類擁有整個地球和所有低等生物，但每個個人都擁有其個人的財產權，這是沒有其他人可以對其擁有的權利。我們能說他的身體和他的雙手是嚴格屬於他的。所以當他從自然界提供的狀態取出一些東西時，就加入了一些自己的東西，然後以此方式得到他的財產。他已從自然界的共有狀態中將此物移出，然後經由將其勞動併入此物以排除其他人的普遍權利。而此勞動無疑是勞動者的財產。所以沒有其他人能對加入勞動的所有東西主張權利，至少在還有足夠的、夠好的東西為其他所有人共有的狀況。

---

[11] Locke, J. (2014), "Second Treatise of Government: An Essay Concerning the True Original", Extent and End of Civil Government, John Wiley & Sons.

　　因爲以上的看法，Locke 被認爲提出了「勞動產權理論」（Labor Theory of Property Rights），這是一個是以神權理論爲基礎的理論，其重點包括：人是因爲自己的勞動力加諸於公有土地上，讓該土地價值提升，故可以劃地爲己有；而且其他無人占有的，還夠多、夠好以足夠使後續的人繼續以勞動取得以成爲私人財產。Locke 爲私有財產提供了強有力的自然權利理由，這仍然是當今財產權理論的核心支柱。

　　如果以 Locke 的勞動產權理論，套用在智慧財產權的取得上，則可以解釋作爲生產智慧財產基礎的訊息爲公共資源，透過勞動可產生智慧財產權。而作爲公共資源的訊息這類無形資產，相對於土地和資源來說是更加寬裕的，更足以讓後繼者投入創新來擁有。另外個人在加諸知識努力後賦予的財產權，更容易與原始智慧區分。因此似乎勞動學說更加適用於智慧財產權：因爲智慧財產權的無形性特徵使得它容易將公有領域的東西和勞動者創造的價值兩者分割開來。

二、人格權理論

　　由於 Menell（2003）對人格權理論的說明較爲簡略，本書根據 Yoo, C. S. 在 2012 年所著《Copyright and personhood revisited》[12] 一文的觀點來介紹關於人格權的理論。人格權是智慧財產權的主要理論之一，也是著作權理論的基礎，主要來自 Immanuel Kant（康德）和 18 至 19 世紀的德國哲學家 Georg Wilhelm Friedrich Hegel（黑格爾）的的哲學著作，主要的觀點來自將創意作品視爲創作者個性的體現。事實上，大部分評論在引用以上兩位學者的作品時，比較視爲一體而不特別區別他們。

　　我們先從 Kant 的觀點出發，Kant 採用區別主體／人和客體／事物的

---

[12] Yoo, C. S. (2012), "Copyright and personhood revisited".

二分法，認爲所有人都被視爲自主的主體，而不是作爲實現其他客體的手段。Kant 定義人的特點是：他們有能力行使自由意志，並在道義上對自己的行爲負責。而且 Kant 認爲人是一個抽象的權利持有人，沒有個人偏好，能力和歷史。而與之對比的是，客體在本質上則是沒有自由的、而是被自由意志行動的主體所取代。而落在客體層面的才能被視爲財產，因爲財產違反每個人被視爲主體而不是手段的原則。不過 Kant 也承認個人可以在外部事務中擁有合法的所有權益，換句話說，Kant 尊重財產權，但相反的是，在個人的意志範圍內展現的任何事情都是屬於主體—客體二分法的主體層面，而不能被視爲財產。Kant 的理論反映人格的任何方面都不能被視爲財產。

Kant 認爲雖然作者控制其思想對公眾表達的權力是不可分割的，但他們能與出版者簽約以向公眾發表意見，此時出版者被簡化爲「作者傳達聲音給公眾的靜音工具」，出版者無權修改作者的聲音。我們可以理解，這是因爲作品被視做反應作者（主體）意志的客體，所以可被視爲財產；而且只有此主體有權力擁有該客體。這樣可以解釋作者如何與另一方簽訂合約以發表作品，而不致放棄其意志。但 Kant 認爲康德還使用它來明確指出那些不經授權複製圖書的人侵犯出版商而不是作者的權利，最重要的是爲了我們的主體，由於發行人的權利由發行人承擔，所以這些權利的執行不能被解釋爲保護作者利益。

Hegel 認爲人類生存的核心是基本自由而不受約束的，也就是無限制的絕對抽象或普遍性無限的、純粹的自我思想。Hegel 認爲個人在外部世界體現自己的主要方式就是把自己的意志放在任何事物中，從而使其變成自己的。Hegel 稱此爲「擁有一切的絕對專屬權」。Hegel 認爲因爲對事物的統治是體現在外在世界中的重要手段，而財產則是「人格權的體現」（The embodiment of personality）。更具體地說，由客體而構成了主

體自己的特質和主體的普遍本質。由此觀點，財產因而在將人定義爲一個人方面起了核心作用，只有建立對外部物體的財產權益才能實現主體的具體存在。因此，財產是重要的，因爲它改變了人格的方式。簡單來說，Hegel 認爲人的意志、自由體現在外在世界中而爲人格（Personality），並將其在外在世界的呈現宣稱爲己有；而財產權產生會產生人格的自我實現（Self-actualization）。

　　總之，人格權財產理論來自 Kant 的哲學和 Hegel 的權利哲學，主張作爲一個人需要對外部環境中的資源進行一些控制，控制必須以產權的形式進行。創作發明展現了創作者個人的人格或意志，創作者透過著作權表達他們的意志，以免於其作品被商品化或物化；而智財權的保護，有助於創造智慧性的活動。

三、自由主義理論

　　Menell（2003）也引入一些質疑智慧財產權學者的看法，這類學者的觀點來自自由主義理論（Libertarian Theories）。首先 Palmer 在 1989 年及 1990 年提出智慧財產權保護的主流哲學觀點的批評，並構建智慧財產權的自由主義（Libertarian）論述。其他學者則認爲智慧財產權有可能破壞網路上的自由思想交流，並使公司及其關注利益能夠對文化和政治表達進行連續的實質控制。但這派學者認爲透過重新修改而不是放棄智慧財產權相關法律，可以更好地解決這些問題。而作爲理想的自主權（Autonomy）削弱了支持和反對智慧財產權。創作者可以聲稱爲了保持他們自我表達的完整性而要求他們控制自己的作品的使用。然而反對者可能會爭辯說，如果他們不能模仿他人的作品，他們就被剝奪了表達自己的能力。自由主義論者明顯認爲關於智慧財產權對模仿的限制剝奪了某些自由，特別是模仿的自由。但他們爭取的偏重於思想和表達的自由，這較屬於著作權的範

疇，但專利本身也可能對自由思想交流有所影響，特別是數位時代關於網路上的技術交流。

四、不正義的富裕

在「不正義的富裕（Unjust Enrichment）」觀點中，Menell（2003）討論智慧財產權法律的核心問題是補償那些創作成品被仿冒的創作者，以達成社會正義。要達成這個目標，和智慧財產權律結構與歸還利益的方式相關，特別是確定得到利益的人能付出賠償。

五、分配正義（Distributive Justice）

分配正義理論是在正義原則的基礎上分配社會資源，這些理論也反映了 Locke 和其他哲學觀點。

1.3　專利的法律理論

前面兩節中，從功利和非功利的角度討論的專利相關的理論，但真正對專利影響最大的，仍是專利法的相關理論。專利法的制定必須考量經濟上的功效，以及對人格權與財產權的保障，因此兼具前述所述功利性與非功利性的性質，甚至更重要的是必須要有政策的效果。美國加州大學 Berkeley 分校的兩位法律教授 D. L. Burk 和 M. A. Lemley 在 2003 年《Policy levers in patent law》[13] 一文中提出了五個與專利法相關的理論，這些理論和純粹討論經濟效益和產業影響的功利理論不同，也和純法律哲學基礎的非功利理論不同。功利性與非功利性理論對專利法理論的關係可以參考圖

---

[13] Burk, D. L., & Lemley, M. A. (2003), "Policy levers in patent law", Virginia Law Review, 1575-1696.

1-3。專利法理論的目的在提供經濟效益和產業影響下專利法方向的效果的依據，主要是專利法面對必須改變的事實是什麼？應做怎麼樣的調整等問題。以下根據 D. L. Burk 和 M. A. Lemley（2003）兩人的論文作進一步的介紹。

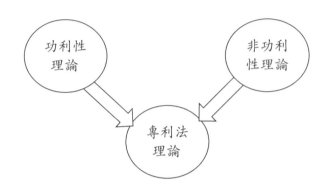

圖 1-3　功利性理論、非功利性理論與專利法理論的關聯

一、前景理論

　　Burk 和 Lemley（2003）提到，美國芝加哥大學的 Edmund Kitch 教授在 1977 年提出應當將專利制度將重新融入一般性產權理論，並提出一種專利制度的新理論——前景理論（Prospect Theory）；前景理論也是根植於先前提到經濟學中關於發明激勵的理論，但其重點不在於事先激勵，而是強調智慧財產權的能力，以及實施發明和創作的有效管理。前景理論的經濟學背景是「公地悲劇」（Tragedy of the Commons）和著名的「交易成本理論」（Transaction Cost Theory）。所謂公地悲劇是指公有資源會被濫用，例如向公眾開放的湖泊很可能被過度捕撈，造成沒有魚可撈後對未來的公眾產生不利影響；交易成本理論是市場上發生的交易的談判和簽約的費用，及利用價格機制存在的其他方面的成本，也是 Coase 認為會產生企業組織的原因。

　　要解決公地悲劇的方法是確定公有資源的產權，使其成為私有資產，如果每個人對資源擁有排他性的權利，則他們將善用而不會濫用公用資源。而如果交易成本為零時，資源可以交換至最佳化使用的狀態。以上兩者是經濟學關於產權理論的基本假設，也就是有產權後才能使資源最有效使用。Burk 和 Lemley（2003）認為 Kitch 努力將智慧財產權與產權理論相結合，Kitch 的思考方式是專利不是做為發明的獎勵，而是給一個獨家排除權以鼓勵未來的發明，也類似做為提供「前景」的採礦權。因此專利制度的主要內容是鼓勵進一步的商業化，以及透過專利授權來有效利用尚未實現的想法，正如土地私有化將鼓勵業主有效利用的一樣。

　　Burk 和 Lemley（2003）進一步提出，Kitch 還認為將社會效益最大化，專利權人必須以合理的價格向公眾提供發明，理想的是接近發明邊際成本。如果專利權人獨自位於市場壟斷地位，他可能會對產品設定更高的壟斷價格，如此將損害消費者和社會福利。但 Kitch 指出在某些情況下，智慧財產權創造者將面臨來自可替代商品的製造者的競爭，因此其個別企業需求曲線將是水平的，而不是向下傾斜的。而在此情形下專利權人可能會進行價格所有價競爭，這時最好能協調發明的開發、實施和改進，如果給予適當的權利範圍，才能有適當的激勵來投資商業化和改進發明。

　　前景理論其實和 Schumpeter 的創新觀點很接近，其認為競爭激烈的市場中的公司沒有足夠的激勵可鼓勵創新，所以只有強力的排除競爭才能有效地鼓勵創新。而為了達到此目的，專利必須要早期得到核准並得到較大的權力範圍。

二、競爭創新

　　雖然前面本書已提出在功利理論領域中創新和專利占有重要的地位，特別是在 Schumpeter 提出創新的概念後，創新在經濟成長研究中成為重

要的因素。但關鍵問題是要激勵創新，到底是如 Schumpeter 所提給予創新者壟斷的地位，才能使其獲得足夠的回饋以支撐其創新？還是競爭才能刺激創新？而如前面所提到 Tirole 提出的企業考慮的兩種效應有多大的影響？Burk 和 Lemley（2003）更強調專利對於創新與競爭的影響，他們提出 1972 年諾貝爾經濟學得主 Ken Arrow 支持競爭式的創新，認為是競爭而不是壟斷，才能有力地促進了創新；因為在競爭性市場中的公司將會創新以避免失敗，而壟斷者則可以懶惰。Arrow 的觀點和前景理論不同，他認為提供創新的資訊是公共財，而且個人使用資訊不會剝奪他人同樣使用資訊的能力；因此創新不會形成公地悲劇的問題。所以智慧財產權是創造事前激勵，而不是事後控制權。Arrow 的討論建議了智慧財產權的作用是有限的，因此應該限制發明的具體實施，也不應該授予專利權人控制經濟市場競爭的權利。

　　Burk 和 Lemley（2003）也提到實證研究為 Arrow 的論文提供了一些支持，如一些實證證據表明，競爭對於創新而言，比電信行業的壟斷更具激勵作用。除了壟斷和完全競爭，還有一種方式就是寡頭壟斷，也就是市場由少數企業壟斷，但這些少數企業是彼此競爭的，這樣可能才是對於創新的最大激勵。但要達到這樣的市場狀態，專利給予的壟斷權必須減少。

三、累積創新

　　不論是在激進式創新，還是漸進式創新，都和發明者累積和引用外部的技術知識相關，許多的發明也是基於前人的發明與專利。因此擁有專利的專利權人是否能完整擁有專利的獨占權力，而不考慮前人的貢獻？或是該如何準確地限定專利權人應該擁有的權利範圍？這些都是累積創新（Cumulative Innovation）觀點應該重視的。因此累積創新觀點和前景理論與 Schumpeter 的觀點不同，此兩者認為競爭激烈的市場中的公司沒有

足夠的激勵可鼓勵創新。所以只有強力的排除競爭才能有效地鼓勵創新。

Burk 和 Lemley（2003）提出 Schumpeter 的壟斷激勵理論和 Arrow 的競爭理論涉的多半是單一發明的創新模式，但愈來愈多的經濟學家和法律學者將重點放在累積創新上；其出發點是因為以現在市場現況，許多高科技產品的最終產品涉及許多的技術和專利，而這些專利可能彼此之間有改進或競爭的關係，所以如何在初始發明人和改進者之間分配權利是專利法該解決的問題。其中一種看法是應該將這些權利全部歸屬於第一個發明人，但這樣的作法可能受到主張競爭創新觀點者的質疑，因為這不利後續者改善專利的意願。Burk 和 Lemley（2003）提出 Richard Merges 和 Richard Nelson 的建議，他們認為創新的競爭比單一發明所有權更有效促進發明的發展，而且發明創新愈快愈好；他們並以實證說明以「量身訂做的激勵」（Tailored Incentives）會比前景理論的主張要好。

總之，基於累積創新的觀點，專利權不應該賦予無限的排他性權利，對於後繼者對專利的改善也應該鼓勵，這樣才能吸引更多潛在的發明改善者進入市場。因此累積創新的觀點認為未完成的產品、早期版本和對產品集合的改進都應該是可授予專利的，而起始發明人和改善者間的權利分配則需要平衡。但實務上這樣的目的全靠專利法的規定可能是不夠的，現在的趨勢是透過市場上企業間的商業談判、授權、創投甚至併購等來達成。

四、反公地理論

在前景理論的討論中我們提到過「公地悲劇」和「交易成本理論」，也就是公有地會造成資源被濫用而形成「公地悲劇」；要解決公地悲劇的方法是讓個人對資源擁有排他性的產權，則所有權人將善用資源而不會濫用資源，這樣可以達成資源最大效益。而如果交易成本為零時，有價值的資源可以交換至最佳化使用的狀態。Burk 和 Lemley（2003）使用「反公

地理論（The Anticommons）」的名詞看起來有些不明確，但其內涵是針對累積創新過程觀點下，因為新產品需要使用許多不同的權利發明，如果給予太多不同的專利權可能會妨礙新產品的開發和銷售。這個情形類似土地被切成許多塊使用時，有可能不如集中使用來有效率。此時如果交易成本低，則可以鼓勵資源的交易以讓效率提高，而專利則是以交互授權等方式來處理。但其中比較複雜和困難的就是搜尋相關的資源、確定其權利的範圍，然後展開相關的談判等，這些都會增加交易成本。

另一種狀況是如果不同公司擁有不同的互補性的專利，而各自擁有壟斷地位，例如甲公司擁有 A 專利、乙公司擁有 B 專利，而且 A、B 兩專利是互補的；產品 C 恰恰需要這兩種專利才能夠生產，則可能因為兩種不同的收費方式壟斷了價格，而且有興趣生產產品 C 的一方，不論是甲乙兩個專利所有權人，還是第三方都會面臨一個困境：甲乙兩方都可能在談判中提高授權價格或受權條件，讓協議無法達成。此時比較可能的方式是讓專利到期失效後，有意願者才會投入市場開始生產產品 C。例如最近熱門的 3D 列印市場來看，就是一個專利影響產業發展的例子，相關的討論請看例 1-3。

例 1-3　3D 列印、創客（Maker）與反公地悲劇 [14] ✎————

3D 列印是這幾年非常風行的議題，和一般傳統製造業最大的不同，在於開源硬體（Open Source Hardware）。開源硬體的觀念來自資訊領域的開放原始碼軟體，是指將產品設計文件的來源代碼由設計者、製造者、消費者在共享社區內共同分享，如此將可能達成製造成本降低、

---

[14] 3dprinting.com, "Expiry of Patents in 3D Printing Market to Decrease Product Costs and Increase Consumer Orientation", https://3dprinting.com/news/expiry-of-patents-in-3d-printing-market-to-decrease-product-costs-and-increase-consumer-orientation/，最後瀏覽日：2017/07/25》

產品完全客製化、製程簡化而形成製造業的新革命。只要透過開放原始碼硬體平台、3D 印表機，還有透過群眾募資平台進行募資，透過知識分享和實體互動，使用小成本就能進行小規模製造。因此 3D 列印產業是包括設計、程式軟體設計、材料、機台製造、生產製造、服務管理等一系列科技的產業；不僅包括科技的創新，也包括商業模式的創新；而這種商業模式的創新事實上來自生產模式的革新。而「自造者運動」就是利用開放資源、鼓勵人人都可捲起袖子，進行「小型製造」。

但是 3D 列印的智慧財產權問題牽涉複雜，各企業為避免侵犯專利的爭議，即使在 1980 年代後期 3D 列印的專利和技術已經出現，但到了 21 世紀的第二個十年，3D 列印的產業才逐漸成為引人注目的新興產業，主要的原因就在於大量的基礎專利紛紛到期，此時原有的專利權人無法再壟斷相關技術，因此有潛力的開發者和改良者可以提出更多的改良和商業應用，因此讓更多企業願意投入。報導顯示 2014 年是這方面非常重要的一年，因為 3D 列印技術相關的主要專利在該年屆滿，從而引發爆炸性需求，也擴大技術進步範圍。據報導顯示，這些專利一旦過期，將會引起價格立即從 1000 美元大幅下降到約低至 400 美元。

五、專利叢林

專利叢林（Patent Thickets）法則最早由美國加州大學的教授 Karl Shapiro 所提出，主要的概念是指因為全世界技術快速的發展和鼓勵申請專利的情況下，專利數量急速上升，其中許多密集而且主張權利範圍交疊重複的專利，形成一種濃密的如叢林一般的網路，因此被形容成「專利叢林」。像反公地問題一樣，專利叢林有潛力防止所有各方生產包含多項專

利的最終產品，但因爲專利權人之間的權利有可能是重疊的，使問題更加複雜化。專利叢林也可能使技術發展僵化，甚至阻礙技術的革新。投入相關市場的後繼者必須在專利叢林中披荊斬棘，才能找出一條路來。一般來說後進入市場者可能會優先想到採取專利分析後的「專利迴避」（Patent Arround）措施，但多基礎專利是避不開的，而且某些未開發的技術也可能是沒有前景而不值的投入的，所以專利迴避不見得能避開商業上的風險。另一個使專利叢林更複雜的問題是「非專利實施體」（Non-Practicing Entity, NPE）、「發明公司」等以專利申請與營運爲目的的公司，以專利叢林牽制生產產品的公司，這可能使企業的損失達到百億等級，因此美國前總統 Burak Obama（歐巴馬）在 2013 年時提出相關的革新措施，希望能打擊相關的活動。

而要解決專利叢林的問題，另一個解答在專利局，例如透過專利局收費機制調整企業的專利申請專利的數量，以及提高專利核准的標準以確保申請專利的必要性。

我們將以上五個專利法理論的主要特性整理在表 1-1：

表 1-1　專利法理論的比較

	前景理論	競爭創新理論	累積創新理論	反公地理論	專利叢林理論
基本假設	創新者需要強有力的壟斷保護才能繼續創新	競爭比壟斷更有助創新	創新具有累積性不能被獨享	專利權被分散不利創新	過度密集和重疊的專利權不利創新
對專利法原則的看法	專利法應具有強大保護力	專利權人控制經濟市場競爭的權利應受限	專利權不應該賦予無限的排他性權力，對於後繼者對專利的改善也應該鼓勵	設法降低交易成本	提高專利核准的標準以確保申請專利的必要性

第二章　如何從專利中獲利

　　不論從理論或實證上來看，創新是經濟增長、企業獲利和競爭優勢的重要成因。企業發展史上充滿了各種產業創新的例子。但創新者的努力不能保證都能得到回報，只有部分企業如較著名的 Apple、Google、Intel 或一些生物科技公司的創新有效帶動了它們的業績；但創新者又必須要在創新過程中獲得足夠利潤才能進一步投入研發，因此創新和獲利的兩難成為管理層級的難題。

　　一個事實是：創新者的創新利潤可能被模仿者、消費者、客戶、供應商和其他互補產品和服務提供商所瓜分；為了留住這些利潤，創新者必須努力建立障礙以保障創新的成果。這些障礙包括法律保護形式如專利，著作權或商業秘密，以及投資製造、行銷、品牌、服務和技術等其他策略。因此，專利最重要的功能應該是協助企業獲利，特別是從創新中獲利。

　　本章將討論如何以專利獲利，但本章的重點不是在討論執行的細節，而是關注在獲利的基本原理。本章將先從本領域最重要的理論，也就是 Teece 的「從創新獲利」理論出發，重點在保護創新的專屬性機制及與企業互補性資產這兩者會如何影響公司的獲利；然後進一步討論專利的獲利來源。本書認為專利獲利的關鍵在於有效的商業化，因此了解專利商業化的原理與商業化模式十分重要，因此本章將說明專利的商業化原理與獲利模式。本章的內容如下：

- **創新獲利理論**：Teece 的「從創新獲利」理論、專屬性制度與專利獲利──關於產業架構的考量。
- **專利獲利來源**：尋租行為、競爭優勢、價值創造。

‧**專利商業化與獲利模式**：專利商業化原理、專利商業化獲利模式。

2.1　創新獲利理論

一、Teece的「從創新獲利」理論

　　企業進行專利活動的目的就是獲利，而提到關於專利如何能夠獲利，不能不提到加州大學 Berkeley 分校商學院 David John Teece 教授在 1986 年在《Research Policy》發表的《Profiting from technological innovation: Implications for integration, collaboration, licensing and public policy. Research policy》[1]（從創新獲利：對整合，協調，授權和公共政策的影響）一文。Teece 教授的研究興趣包括企業策略，創新、競爭政策和智慧財產權。Teece（1986）主要在描述了一個企業在其經營策略中，如何以市場行銷、配銷、製造和其他領域取勝，而不是靠首先提出點子來獲利。Teece（1986）提出，能以突破性點子獲得商業成功的贏家其實是能控制配送和消費者服務的公司，而不是創新者或發明家。他進一步確定了決定誰能從創新中獲勝的因素，包括：首先進入市場的企業、市場跟隨者、以及具有創新者所需的相關能力的公司。Teece 模型突顯了如何從技術和互補資產的模仿性中了解專屬的價值，模仿性（Imitability）是指競爭對手可以輕易地複製支持創新的技術或製程。Teece 並解釋創新者是否可能從創新中獲利，主要觀點是模仿性和互補性資產（Complementary Assets）具有決定誰最終將從創新中獲利的影響力。由於「由創新獲利」（Profiting from Innovation）和「互補性資產」理論對創新及智慧財產權領域的巨大影響

---

[1]　Teece, D. J. (1986), "Profiting from technological innovation: Implications for integration, collaboration, licensing and public policy", Research policy, 15(6), 285-305.

力，2006 年 10 月《Research policy》出版了紀念本文發表二十週年紀念
的特刊。Teece 的理論通常被稱爲「從創新中獲利」理論（Profiting From
Innovation），簡稱 PFI 理論；以下將詳細介紹 Teeece 這個具有巨大影響
力的理論。

　　許多首先在市場上將新產品或流程商品化的公司，常常抱怨競爭對
手或模仿者從它們的創新中獲得更多利潤，最大的獲利者不是首先將新
產品或流程商業化的公司。所以 Teece（1986）提供一個框架來研究哪些
因素決定了誰是從創新獲利的贏家公司？誰是追隨者企業？或誰是具有
創新者所需的相關能力的公司？Teece（1986）提出能從創新中獲利的三
個因素是：專屬性制度（Regimes of Appropriability）、主流化設計（The
Dominant Design Paradigm）以及互補性資產（Complementary Assets），
其定義說明如下：

（一）專屬性制度

　　專屬性制度是能保障創新產生的利潤能力的環境制度因素，也就是市
場中的排除權，最重要的核心是技術的本質和有效保護專利的法律機制。
Teece（1986）將技術區分爲編碼的（Codified）產品和製程，以及隱性的
（Tacit）產品和製程。而保護技術的法律工具包括專利、著作權以及營業
秘密。因爲能夠文件化的編碼技術知識比難以用文字表達的隱性技術知識
更容易傳播，因此編碼技術知識必須要有較強的法律保護；而隱性技術知
識較不需要法律形式的保護。

（二）主流化設計

　　主流化設計主要分成兩個階段：一個是前典範階段（Preparadiagmatic
Stage），然後是典範階段（Paradiagmatic Stage）。前典範階段是指在某
個領域的此時還沒有一個大家都可以接受的普遍性概念；典範階段則是指

某理論體系已出現經透過了科學可接受的規範。主流典範的出現表示該學科已成為成熟的科學，並代表其接受了科學研究的正規標準。

這裡要補充說明的是，Teece 對於典範的概念是借自 20 世紀美國科學哲學家 Thomas Kuhn（孔恩）的思想，因此透過了解 Kuhn 對於典範的解釋，將有助於我們對 Teece 理論的理解。1962 年 Kuhn 在其出版的《科學革命的結構》（The Structure of Scientific Revolution）提出他從科學史研究中獲得的關於科學研究歷程的發現。他提出科學知識的累積在常態時期是在一個「典範」（Paradigm）的框架下運作，以典範的基礎進行研究、開拓知識，此時稱為「常態科學」（Normal Science），也就是說常態科學的性質不在於挑戰既有理論，反而是在鞏固原有的研究架構。然而隨著研究議題不斷的加深加廣，研究者逐漸地發現愈來愈多原有科學典範所不能解釋的異常例子，使得常態科學會不斷受到以原有研究架構無法解決的「異例」（Anomalies）挑戰。當科學技術日新月異、異例日益增加、舊有典範不敷使用時，原有典範將會面臨危機。此時新的研究框架如果能解決異例問題，將會逐漸成為研究主流，成為新的「典範」；而這個「典範轉移」的過程被 Kuhn 視為科學的革命。Kuhn 認為，科學的發展不是透過新知識的線性積累而進行，而是經歷了週期性「典範轉移」。而科學的發展可以被分解成三個不同的階段：缺乏中心典範的科學先知階段；然後是「常態科學」的形成；當異常現象造成危機的到來，則會發生科學革命和典範轉移，然後產生新式典範。Kuhn 的主張通常被稱為「典範論」（Paradigmism）。

Teece（1986）和一些研究技術發展的學者一樣，認為技術發展和科學知識發展是相似的，因此科學發展的過程也類似技術的發展。所以也會經過形成中心典範的的百家爭鳴時期，然後是市場會歷經競爭、淘汰而產生共通的技術標準或產品規格，這類似於科學革命中典範的模式，就是

Teece（1986）所稱的主流化設計。

（三）互補性資產

Teece（1986）提出的所謂互補資產是指企業要能成功的創新商業化，除了創新本身，還必須靠許多相關的知識，與其他能在各方面補充支援的企業能耐（Capabilities）或資產（Assets）與創新成果結合使用才能成功；例如行銷、製造和售後服務等。而這些其他能耐或資產被視為互補性資產。互補性資產包括以下三類：

1. **通用資產（Generic Assets）**：不需要針對有關創新量身定製的一般性資產（例如製造運動鞋所需的製造設備）。

2. **專用資產（Specialized Assets）**：創新與互補性資產之間存在單方面依賴關係，包括創新依賴於互補性資產與互補性資產依賴於創新兩種可能。

3. **雙邊專用資產（Co-specialized Assets）**：創新與互補性資產之間雙邊依賴的資產（專門製造特定廠牌汽車引擎的工廠與專門採用該工廠製造出來的引擎的汽車）。

關於互補性資產的實際例子，依照 Laudon 和 Laudon（1997）[2]的分類，資訊管理系統的互補性資產包括：

1. **組織性的資產（Organizational Capital）**：指的是組織內的文化、結構、人員與流程。

2. **管理性的資產（Management Capital）**：包括能支援 IT 成功的各種管理策略。

3. **社會性的資產（Social Capital）**：包括企業外部環境能支援 IT 發

---

[2] Laudon, K.C. and Laudon, J.P. (1997), "Management Information Systems", 2nd ed, Prentice Hall, Upper Saddle Rive.

揮潛力的各種相關設施。

　　Teece（1986）說明了模仿和互補性資產是決定誰將從創新中獲利將最有影響力的兩個因素，但公司可以建立一些障礙來保護自己的創新或知識不受模仿，這障礙包括智慧財產權、複雜的內部慣例或隱性知識。Teece認為專屬性制度最能影響被模仿的可能性，他將專屬性區分為「緊密的專屬性制度」（Tight Appropriability Regimes）及「弱的專屬性制度」（Weak Appropriability Regimes），其不同時期不同狀態下的影響力分別說明如下：

• 緊密的專屬性制度

　　如果具有可靠的產品概念但不具有正確設計（如符合市場需求設計）的創新者，在市場尚未形成主流化設計的前典範階段進入市場時，緊密的專屬性將為創新者提供執行必要試驗以得到正確設計的所需時間。如果創新者擁有一個不可破解的專利叢林，或者具有難以複製的技術，那麼市場可能會為創新者在被模仿者們淹沒之前，提供必要的時間來確定正確設計。

• 前典範階段的弱專屬性制度（Weak Appropriability—Preparadigmatic Stage）

　　在前典範階段，創新者必須小心讓基本設計是「浮動的」（Float），也就是可調整的，直到有充分證據顯示已經出現了可能成為行業標準的設計。弱的專屬性制度下的創新者必須與市場緊密結合，以便使用者需求能充分影響設計。原型設計（Pototype）的相對成本愈低，企業對市場的緊密耦合的可能性愈高；這使得創新者可能無法進入具有主流設計的典範階段。企業對市場的緊密耦合是來自組織的功能設計，並可以受到管理層決策選擇的影響。在前典範階段，互補性資產沒有明顯的地位；因為前典範

階段階段企業的競爭集中在如何決定主流化設計的過程。

• 典範階段的弱專屬性制度（Weak Appropriability－Paradigmatic stage）

隨著市場中領先的設計開始顯現且銷售數量增加，企業會大量準備專用的生產設備以及可能行銷管道，以便進行大規模生產為產生規模經濟（Scale Economices）的機會做好準備，因而此時價格變得愈來愈不重要。又因為核心技術易於模仿，所以獲得互補性資產這件事變得非常關鍵，商業化的成功與否會視互補資產的條件而定，特別是專用資產和共用專用資產變得特別重要。專用資產可發展不可逆性、不能輕易由合約獲得，而能控制的共用專用資產如分銷管道、專業製造能力的公司相對於創新者而言占有有利的定位。

Teece（1986）以互補性資產與專屬性說明企業從創新獲利的能力，認為創新者對創新收益的獨占性能力是其所擁有的互補性資產與獨占性機制的函數。他討論幾個不同專屬性情境下創新收益的歸屬如下：

(1)當專屬性弱時，如果互補性資產屬於通用資產，則創新的收益會大部分屬於消費者，如玩具等消費性產品。

(2)如果互補性資產屬於專用或雙邊專用資產，則擁有資產的企業擁有大部分的創新收益，少部分的收益屬於消費者，如後面案例中 EMI 公司的電腦斷層掃瞄器。

(3)當專屬性強時，如果互補性資產屬於通用資產，則創新的收益會大部分屬於創新者，如半導體產業；如果互補性資產屬於專用或雙邊專用資產，則創新企業和擁有資產的企業分享大部分的創新收益。

所謂的強專屬性，是指創新企業可以透過授權或其他契約獲取創新收益；但如果沒有強專屬性，則創新利潤的保護需要創新企業擁有強大的互

補性資產如行銷通路、企業聲譽、行銷能力、策略聯盟、客戶關係、授權協議等。所以創新者可視專屬性強弱，透過互補性資產策略來增強其創新獲利能力。

　　Teece（1986）以可口可樂公司為例，可樂是由可口可樂的創始者之一 John Stith Pemberton 發明的，可口可樂公司也是第一家在市場上推出可樂的公司，但由於不能保護自己免受模仿，使得百事可樂和其他可樂公司紛紛湧入市場，並利用其個別的通路、品牌等分配了該部分的所有利潤。由此可見 Teece 模式不僅可以用於預測誰將從創新中獲利，還可以了解什麼公司將有更高的激勵來投資某些創新。

例 2-1　EMI 電腦斷層掃描器
——創新卻無法獲利的例子〔Teece（1986）〕

市場首先創新者未能獲的最大利益的最有名的例子之一，是醫療診斷儀器市場中電腦斷層掃描器競爭。1972 年英國 EMI 公司的 Hounsfield 團隊發明第一部的電腦輔助斷層掃描器（Computer-Assisted Tomography, CAT），做為醫療診斷儀器，並將其市場化；EMI 首先推出這項創新並擁有其中大部分關鍵零件的技術專利。CAT 的特點是將經傳統 X 光照射所得到資訊轉換成為三維立體圖像，並且可以立即在監視器上獲得圖像，但做為歐美醫療診斷儀器市場領導企業的 SIEMENS（西門子）公司和 GE（奇異）公司在面對 EMI 的創新產品時，也隨後推出功能上有所差異的類似產品。EMI 的產品因為設備精密造成維護困難所以故障率高，而且 EMI 主業不在醫療儀器市場，因此在北美地區的服務與後勤不具有競爭力。最後北美市場的消費者大都選擇功能雖較差，但可靠性與服務品質都較佳的產品。EMI 因為不堪產品持續虧損，終於在 1979 年將醫療儀器事業部門結束並轉售。

EMI 公司失敗的原因可歸因於 EMI 掃描器的技術成熟度高於醫院中常見的技術，因此需要較高水準的人才培訓，技術支援和維修能力，但 EMI 公司沒有能力提供這些服務，因此不容易獲得相關訂單。因此在有限的智慧財產權保護下，EMI 公司沒有提升相關能力是策略上的失誤並造成了市場競爭的失敗。相對於 EMI 公司，GE 能夠投入研發資源開發一款具競爭力的掃描器，取材自 EMI 掃描器的構想，並透過已經合作的醫院通路引進入他們的掃描器，GE 於 1976 年開始接受訂單並進攻相關市場。EMI 掃描器的例子說明了具有傑出技術和優秀產品的公司如何無法從創新中獲利，反而是後續模仿者取得成功。

在其著名的 PFI 理論發表後 20 年的 2006 年，Teece（2006）[3] 又發表《Reflections on "profiting from innovation"》一文，做爲 PFI 理論的回顧。Teece（2006）認爲自 Schumpeter 以來，對於企業創新的看法多窄化在市場結構和企業規模的討論，例如有研究者認爲完全競爭與創新並不相容，因爲完全競爭不能爲創新者提供足夠的創新回報，而使得研發投資無法回收，因此 Schumpeter 認爲較大的市場份額將有助於從創新中獲取收益。Teece（2006）則認爲 PFI 理論開闢了新的方向：PFI 理論爲企業策略關鍵要素提供權衡（Contingency）的理論，還預測了創新利潤如何在客戶、創新者、模仿者、供應商和互補性資產擁有者之間分配。而在關於創新獲利的要素上的討論，PFI 理論提出在主流化設計上考慮進入時間及學習的效應。而 PFI 理論最大貢獻在提出已成爲企業創新策略思考中公認不可或缺的專屬性制度概念；以及在於提出互補性資產的三個分類。PFI 理論並理

---

[3]　Teece, D. J. (2006), "Reflections on 'profiting from innovation'", Research Policy, 35(8), 1131-1146.

解到強大的智慧財產權促進了 Know-How 在市場上的交易。

在 PFI 理論對於企業的意義，Teece（2006）認爲雖然 PFI 理論較適用在單一創新情況下，而且 PFI 理論在一些議題上是有不完備的地方，如互補性的發明創新、創新基礎建設的生態系統、供應鏈等。但另一些議題如企業能耐（Capabilities）可以用企業擁有的互補性資產角度思考，而且互補性資產／技術可以做爲企業在做整合決策時的選擇變數。而關於財務的問題，在 PFI 理論中，隱含的假設是企業從任何內部或外部來源獲得風險資本。另外在主流化設計方面，Teece（2006）認爲網路效應的存在意味著早期和可觀的投資，是嘗試成爲市場接受的標準所必需的。

二、專屬性制度與專利獲利——關於產業架構的考量

延續著 Teece 的研究，Pisano, G. P. 和 Teece, D. J.（2007）在《How to capture value from innovation: Shaping intellectual property and industry architecture》[4] 中繼續延伸了 Teece（1986）的理論，持續探討企業創新獲利的問題。除了 Teece 提出的與智慧財產權相關的專屬性制度問題，Pisano 和 Teece（2007）另外提出一個關鍵因素：「產業架構」（Industry Architecture）。雖然這兩個因素是企業層級不易控制的，但如果能了解並妥善運用這兩個因素，企業可能獲得創新的收益。Pisano 和 Teece（2007）觀察了一些產業界的實例，發現有時弱化代表專屬性的智慧財產權進而改變了產業架構，反而更容易從創新中獲益。

Pisano 和 Teece（2007）解釋產業架構觀點可以描述產業參與者、產

---

[4] Pisano, G. P., & Teece, D. J. (2007), "How to capture value from innovation: Shaping intellectual property and industry architecture", California Management Review, 50(1), 278-296.

業組織專業化的性質和程度、產業組織邊界、以及這些參與者之間的關係結構。以電腦產業為例，IBM 的大型電腦使用了專有的 IBM 作業系統、專門的零件、作業系統等，是一種縱向整合的產業結構。但當個人電腦出現後，改由 Microsoft 提供作業系統和應用，Intel 提供晶片，以及其他公司提供鍵盤、顯示器、行銷等，產業架構成為橫向發展。橫向的產業架構代表產品的分工，而且這樣的分工是模組化的。而模組化需要一個確定的和一致的業界標準，因此在此架構中任何一家公司都難以引入真正創新的產品架構。所以在此情況下企業以系統層面的創新來獲利（或是「尋租」）的機會就少多了，反而在各模組中創新的可能性和機會提高，創新的利潤也就分配到各企業了。

　　Pisano 和 Teece（2007）在考慮產業架構的情形下，對於專屬權制度的處理可分為兩種模式：強化專屬權制度（Strengthening Appropriability Regimes）模式及弱化專屬權制度（Weakening the Appropriability Regime）模式，分別說明如下：

• 強化專屬權制度模式

　　研究顯示美國僅在電影和戲劇展覽業中，因為盜版損失就達到數百億美元，因此利用法律工具如專利、著作權、營業秘密等保護智慧財產是有必要的。在此過程中創新者可以扮演重要角色，例如創新者可組織相關團體對政府進行遊說，以制定產業標準方式保護智慧財產權，或是主動提出訴訟等。這樣的做法也符合公眾利益，但是以上的工作通常不是單一公司可達成，可能需要集體的努力。特別是在制定產業標準上，如果創新者其技術可能與新興行業標準相關，那麼創新者可以在標準制定機構的背景下推廣其智慧財產權，從而提高技術的可能性被採納為標準；而其技術被採用作為技術標準的創新者，可以用公平、合理和無歧視（FRAND）的條

件下獲得授權金。從產業架構的角度來看，強化專屬權制度似乎不會影響產業的結構，但有助於企業各自鞏固自己的創新成果。

• 弱化專屬權制度模式

另一種相反狀態是弱化專屬權制度，讓智慧財產權的影響力減弱。主要原因是企業出於策略的考量，想要在產業結構中占有重要位置、或是想要引導技術的走向，甚至想改變產業架構。關於弱化專屬權制度的思考是：在公共領域的資訊無法私有化，企業去搶占將被私有化的資產將是有利可圖的，如果企業投資在此公共資產的創造，然後再將其注入公共領域，如此企業在追求其私人利益時也有助於公共利益。弱化專屬權最常出現在生物技術中關於基因體（Genomics）的研究及開放來源軟體（Open Source Software）的例子，本書只討論基因體的產業例，以下以一個例子說明在商業化應用時如何把專屬權制度弱化的例子：

例 2-2 「默克基因指標」〔Pisano 和 Teece（2007）〕✎———

在 20 世紀 80 年代末和 90 年代，由於生物科技和資訊科技的發展，人類取得對 DNA 分析的巨大進展。在 20 世紀 90 年代，科學家每月可以確定數千個基因序列。美國政府並資助了一個「人類基因組計畫」，對人體發現的所有基因進行排序。研究人員第一次可以開始探索各種對人類具重大威脅的疾病（如癌症、糖尿病、阿茲海默症等）的遺傳基礎。由於基因對生物醫學研究和藥物研發是非常重要的，而且藥物研發是有利可圖的，所以如果基因成為智慧財產被某些人專有，將會對製藥廠產生限制，也會對專利權人產生巨大的經濟價值。因此對於製藥公司來說，擁有自由使用基因資料的權利是十分重要的。因此擁有雙邊互補性資產大型藥廠的策略將是積極採取行動，確保可能影響其未來研究的基因的權利。它們通常與基因公司簽署了昂貴的交易，

獲取其專有的遺傳基因資料庫，以利於開拓新研究的途徑，或是保護企業不受他人控制。

而另一種方式是像著名的藥廠 Merck 公司一樣，1994 年 9 月 Merck 公司宣布計畫與華盛頓大學合作，設立一個人類基因序列的資料庫「默克基因指標」（Merck Gene Index），並將這些資料納公開，使其成爲公共資產，以阻止其未來研究目標的基因私有化。實質上，Merck 公司正在將上游的專屬性制度弱化，以保護其繼續利用其下游資產開發和商業化的能力。因爲如果其他公司能夠識別和聲稱擁有疾病相關的基因和相關智慧財產權，這可能會導致 Merck 不能繼續進行某些研究計畫，它就可能無法利用其現有的雙邊互補性資產。

「默克基因指標」的例子顯示一般認爲私營企業，總是希望採取更嚴格的專屬性制度才能獲利，但藉由互補性資產理論和 PFI 理論的觀點，可以看到具有強大的下游互補性資產的公司，可能具有更強的策略動力使上游的智慧財產權弱化，因爲這將使其互補應資產的價值在弱專屬性制度下將會更高。

2.2 專利獲利來源

企業以專利獲利或獲益的方式有許多種，例如授權、訴訟、銷售、融資、期權等，但不同的方法背後都有其意義與原理。而在企業研發創新過程中，其實許多研發項目不會成功產生新產品或服務來販售，研發產生的專利也可能無法授權而沒有實質回報；另外各產業間專利的成本和收益差距也很大。所以企業必須以成功的專案收益補償沒有收益的，在能回收利潤的領域或地域要盡量回收。因此必須要了解目前獲利方法的獲利的原

理，才能採行有效的營運策略及設計有效的方法來獲利。以下將討論企業
從專利獲利的來源，主要包括：**尋租行為**、**競爭優勢**以及**價值創造**。

一、尋租行為

（一）尋租的意義

「尋租」（Rent-Seeking）又稱為競租，指在非生產活動的情況下，
靠壟斷社會資源或維持壟斷地位，而得到超額壟斷利潤的尋利活動，這部
分的利潤通常稱為經濟租（Economic Rent）。早期經濟租的概念是指從
土地獲得的收益，後來才被擴大為所有因為獨占權力而獲得的收入。也就
是生產過程中要付出的生產投入成本減去某個供給價格彈性下本來應該付
出的價格（也就是機會成本），這中間的差額就是經濟租。因為從完全競
爭市場來看，只有壟斷才能產生經濟租；而獲得壟斷地位的專利可以獲得
超額利潤，這種利潤就可以說是一種經濟租。至於企業或個人賴以尋租的
市場，則稱為「尋租市場」。尋租市場愈大，表示一個經濟環境中被壟斷
的情況較多，社會的經濟效益也會因而降低。

關於尋租行為的來源和社會背景，經濟學者 Anne Krueger（1974）
在《The political economy of the rent-seeking society》[5] 一文中有詳細討論。
Krueger（1974）以貨物進口為例，當對進口貨物採取定量限制時，進口許
可成為有價值商品；當有許可證的情況下，不同人取得許可證資源的分配
效應會有所不同；而獲得許可證的過程也需要一些費用和時間成本。對於
尋租的效果：尋租活動被認為是有競爭力的，資源會被用做競爭的租金。
以進口許可證機制來看，當進口中間商品的進口許可證是按照企業的能力

---

[5] Krueger, A. O. (1974), "The political economy of the rent-seeking society", The American economic review, 64(3), 291-303.

分配時，對於相信在進口許可證保障下再投資會有較高回報的企業家，如果其將獲得的額外進口許可證的預期收益除以投資成本，會等於其他活動的投資回報時，企業家就可能會擴展其工廠。因為隨著國內收入的增長，如果進口量保持不變，人們預估數量固定的進口商品的國內價值會隨著時間而增加；於是進口量保持不變時生產能力會增加以因應增加的需求。企業家投入資源並透過投資所增加的能力，來進行爭取進口許可證的競爭。大多數情況下，人們並不認為自己是尋租者，所以一般而言，個人和公司並不專門尋求租金。但尋租是經濟活動的一部分，但在所有這些許可證分配案件中，競爭租金的手段有合法和非法的如賄絡等。

（二）壟斷租金的形成

如果企業能在市場具有獨占地位或擁有稀少性資源，則可能獲得高額利潤及壟斷租金。達到獨占地位的成因各不相同，例如在競爭性市場，企業透過獨特的資源稟賦、技術和發明創新獲得產品獨特性或造成成本降低，就可能達成排擠競爭對手獲得獨占地位而帶來高額利潤。另一種情況則是，一些產業需要巨大的投資才能完成對市場供應的能力或形成規模經濟，因此只有很少企業能進入市場而形成只有一家或少數幾家企業的各種「自然壟斷」。另外也有政府制定法令或行政規章等制度，限制企業進入市場，形成對市場的排他性獨占，這就是人為的壟斷。依靠行政權力限制市場進入的壟斷，可能會妨礙技術進步和經濟效率；但是專利這種政府給予的壟斷權，卻被認為有助技術進步和經濟發展。而壟斷企業通常會壓低產量並把價格提高到競爭市場的價格水平之上，由此而產生的額外利益來自其壟斷地位而獲得的，因此這種收益被稱為壟斷租金。壟斷租金的計算方式可以用以下公式表示：

$$壟斷租金＝商品銷售量 \times（壟斷價格－市場競爭價格）$$
$$＋消費者的淨福利損失$$

（三）租金的分類

1. Ricardian 租

Ricardian（李嘉圖）租（Ricardian Rents）是指生產要素因完全缺乏供給彈性而取得的超出正常水準的超額報酬，Ricardian 租純粹來自生產要素的稀少性。從供給需求曲線來看，Ricardian 租的生產要素供給曲線是垂直的，沒有任何需求彈性，通常地租被拿來當做代表用來討論 Ricardian 租。Ricardo 認為根據供需理論，使用空氣、水以等無限制天然資源不需要代價，土地雖然也是大自然賜予的，但不是無限量的，所以土地有稀少性，因此會產生地租。

2. Chamberlinian 租

美國經濟學家 E.H. Chamberlin（張伯倫）在 1933 年的著作《Theory of monopolistic competition》（壟斷性競爭理論）提出有一種市場類似完全競爭市場，雖然沒有任何一個企業可以獨占市場；但與完全競爭市場不同的是，此市場中許多企業供應者與其他企業有些差異化的產品，形成類似壟斷市場效果。因此短期這些生產差異化產品的企業就像是獨占公司一般，可利用部分的獨占市場提高售價以獲取比較高額利潤，這種利潤稱為 Chamberlinian 租。但長期而言，由於競爭者不斷進入，產品的差異化優勢因為競爭而逐漸縮小，市場慢慢變成為類似完全競爭，Chamberlin 稱這樣的市場是「壟斷性競爭市場」。

3. Schumpeterian 租

Schumpeterian（熊彼得）租是指在高度不確定性或者在複雜的環境中承擔風險或以獨創性洞見力來獲得的利潤。例如市場上純粹的套利行為，或是企業透過創新性活動創造相對於競爭對手的競爭優勢，造成暫時性的壟斷障礙。企業透創新打破現有優勢企業的競爭優勢來獲得這種租金，Schumpeter 認為這種租金是由企業家的創新而產生的經濟租金，因而也稱為「企業家租金」。Schumpeterian 租與 Ricardian 租金的區別在於，Ricardian 租來自於一些難於模仿的生產要素，如獨特的地理位置、特殊的組織文化或長期的企業形象，所以是長期的；而 Schumpeterian 租是來自創新的，創新遲早會被模仿，所以是短暫的。

二、競爭優勢

「競爭優勢」（Competitive Advantage）顧名思義就是在競爭上具有優勢地位，而某些組織或個人具有特殊能力或資源而能保持其在競爭上的優勢地位，則稱其為具有競爭優勢的。競爭優勢可能是短期、也可能是長期的，如果競爭優勢是長期的，則稱之為持續性的競爭優勢（Sustained Competitive Advantage）。

企業競爭優勢主要來自四個方面：產品成本和品質、企業擁有的特殊資產和專門知識、設置障礙來阻止競爭對手進入的能力、以及能在市場上打敗競爭對手的優勢資源。關於競爭優勢，最有名的學說是 Michael Porter 在《競爭策略》（Competitive strategies）一書中提出的的競爭優勢策略（Competitive Advantage），Porter 提出了著名的競爭力分析的五力模型作為分析產業和競爭對手的理論框架，企業可以選擇和推行三種基本策略以創造和保持競爭優勢，包括：

1. **成本領先策略（Cost Leadership）策略**：可以造成低成本優勢。

2. **差異化（Differentiation）策略**：可以造成企業在行業內占據獨一無二、無人取代的地位，可以實現差異化的領域包括產品、銷售管道、行銷、市場、服務、企業形象等。

3. **聚焦集中（Focus）策略**：要讓企業成為某一更小的市場或行業中的最佳企業。

根據 Porter 的競爭優勢策略（Competitive Advantage），競爭優勢的保持是指組織憑藉其獨特的競爭力，採取進攻或防守的競爭行動策略，取代競爭對手並能阻擋競爭對手，以保持企業在行業內的優勢地位，進而為企業贏得超額的投資回報（Return on Investment）。

常見的研究競爭優勢的途徑包括以下三種：

• 產業競爭優勢理論

是上個世紀 80 年代初 Porter 提出的，也成為策略管理的主流。該理論是將以產業組織理論中「結構─行為─績效」（Structure─Conduct ─Performance, SCP）研究範式引入企業策略管理領域中。理論的核心是五種競爭力：即企業競爭者、客戶、供應商、替代者、潛在競爭者五種力量。產業競爭優勢理論認為公司的策略與其所處的外部環境和市場高度相關，特別是企業所處的產業；因為產業的結構會影響競爭的規則，因此必須透過對五種競爭力的分析，以確定企業在產業中的合理的定位。產業的吸引力和企業在市場中獲得的地位是企業競爭優勢的來源，而企業必須不斷地投入資源、建構市場進入障礙以保持優勢定位。

• 資源基礎理論

在上個世紀 80 年代中期，一些學者認為企業的優勢不僅來自外在環境，也來自企業內部結構。他們認為企業之所以獲利，是因為他們擁有其他企業沒有的稀少性資源，透過稀少性資源，企業可以產出成本低或品質

高的產品，以增加企業的收入。這種資源依附於企業內在組織中，其他人難以模仿，可能是有形或無形的。保持企業競爭優勢在於不斷的形成、利用這些優勢資源。

• 動態能耐理論

動態能耐理論是 1997 年由 David Teece 提出的，動態能耐架構用以分析企業在技術快速變遷的環境下，其創造和獲取財富的來源和方式。企業的競爭優勢有賴於特殊的「程序」（協調與整合的方式）；並由以下兩者所塑造：

(1)企業的專屬資產（Specific Asset）的「定位」〔例如專屬性知識資產（Difficult-to-Trade Knowledge Asset）及互補性資產（Complementary Assets）的組合比例〕。

(2)企業採用或延續的演化「路徑」：動態能耐理論建議，在技術快速變遷狀況下，企業的財富創造主要端視於企業對其自身內部之技術、組織以及管理程序。企業必須具備辨認新機會與有效、快速地組織以抓住這些機會的能耐才能以不同商業手法讓競爭對手無法追及，並提高競爭對手的成本以及排除新的進入者。

關於更詳細的動態能耐理論，將在第 8 章再做詳細介紹。

但 Harrigan 和 DiGuardo（2016）在《Sustainability of patent-based competitive advantage in the US communications services industry》[6] 一文中提到，隨著產業的發展演進，企業間必須進行「價格─成本」的割喉對戰，和破壞企業區隔的產品差異化來進行競爭；企業必須透過不斷的創新以維

---

[6] Harrigan, K. R., & DiGuardo, M. C. (2016), "Sustainability of patent-based competitive advantage in the US communications services industry", The Journal of Technology Transfer, 1-28.

持競爭優勢。因此獨特的資源和能力，才是該公司競爭優勢的基礎，也才能使現有企業在失去客戶時能暫時獲得保護；其中「可持續性」是指企業受保護狀態的持續時間。此時管理者需要創造性的破壞和競爭變革以獲得競爭優勢，而其中重要的一個因素是資源。資源觀點的學者和競爭優勢的學者如 Porter、Wernerfeldt 等人認爲企業應該從以下幾個方面來獲得優勢：包括由管理者組織和協調組織的營運行動（Operating Activities）和例規（Routines），重新招募具有優勢知識的工作者，發展組織的學習能力和吸收能力，使公司組織能適應並動態因應競爭者的優勢。以上的看法包括了資源觀點、能力觀點以及創新的觀點，其背後有一個基本的假設：就是來自單一基礎的競爭優勢是短暫的。

在有些學者的觀點中，專利被視爲具有長期優勢的基礎；因爲在專利保護期中，專利保護的產品或技術具有暫時的市場壟斷性，並能阻隔競爭者進入。雖然也是「暫時」的優勢，但是長達十多年實質保護期其實已超過一般商業競爭及產品發展的週期。而專利有時也被視爲公司資源，代表公司的技術研發與應對市場的能力，更代表企業創新的成果；因此專利可帶來企業長期優勢，這可能才是許多企業眞正靠專利獲利的模式。而關於競爭優勢，持續性競爭優勢以及專利與競爭優勢的關係，本書將在後面的章節做更詳細討論。

三、價值創造

價值創造（Value Creation）通常是指企業生產並供應滿足目標客戶需要的產品或服務的一系列業務活動；從顧客角度來看，價值創造的目的是「提升顧客價值」，也就是創造讓使用者、顧客、消費者願意付

錢的價值。Amit 和 Zott（2001）[7] 在《Value creation in e-business. Strategic management journal》使用「價值驅動」（Value Driver）一詞，意思是指任何可提高由電子商務所創造總價值的因素，也就是電子商務交易參與者可以利用的所有價值的總和。Amit 和 Zott（2001）並回顧研究者對於價值創造的看法：早在 Schumpeter 的創新理論中強調技術的重要性，並考慮資源的新組合做為新產品和生產方法的基礎，並可促進市場和產業的轉型從而導致經濟的發展，因此創新是價值創造的源泉；而 Teece（1986）補充說，保護智慧財產權即增強專屬性制度，以及提升互補性資產的有效性可以增加創新的價值創造潛力。

但對於商業活動如何創造「價值」，最具體的描述來自 Porter 在 1985 年提出的「價值鏈」（Value Chain）研究框架，價值鏈分析了企業層面的價值創造。Amit 和 Zott（2001）描述 Porter 的價值定義是：「買方願意為企業提供的一切所支付的金額……如果企業的價值超過創造產品的成本，企業就有利可圖」。價值鏈分析界定了公司的行動及經濟影響。企業價值鏈包括四個步驟：

1. 定義策略業務單元。
2. 界定關鍵活動。
3. 定義產品。
4. 確定行動的價值。

價值鏈框架所涉及的主要問題如下：

(1) 企業應採取哪些行動以及如何實施？

(2) 企業行動的架構是什麼？什麼架構能夠為產品增加價值？

---

[7] Amit, R., & Zott, C. (2001), "Value creation in e-business",Strategic management journal, 22(6-7), 493-520.

　　價值鏈會影響的主要活動包括實體產品的創造、內部後勤、營運、銷售和服務。價值可以透過價值鏈的差異化、產生和降低買方成本或提高買家業績的產品和服務行動來創造。其中產品差異的驅動因素以及價值創造的來源是靠策略選擇與價值鏈間的連結等活動來達成。Chesbrough（2007）[8] 在討論商業模式時提出公司商業模式執行兩個重要功能：價值創造（Value Creation）和價值捕捉（Value Capture）。首先，商業模式定義了一系列活動：從原料採購到滿足最終消費者。這些活動將產生新的產品或服務，並創造出價值的淨值；而如果沒有淨價值的創造，這一系列活動中的其他公司就不會參與。其次，商業模式可以使企業從公司開發和營運這些活動的一部分捕捉價值。

　　在價值創造和互補性資產方面，Amit 和 Zott（2001）自己也提出電子商務中四個主要價值驅動因素：新穎性（Novelty）、鎖住性（Lock-in）、互補性（Complementarity）和效率（Efficiency），所謂互補性是指只要將和服務一起提供比單獨商品和服務的總價值更高的價值，則存在互補性。Jacobides（2006）[9] 等人在《Benefiting from innovation: Value creation, value appropriation and the role of industry architectures.》一文中擴展 Teece（1986）的理論進一步提出創新者如何從價值分配和創造中受益的觀念，Jacobides（2006）指出「產業結構」（Industry Architectures）的重要性，認為企業可以在高層的價值分配方面創造「結構優勢」，而不需要進行垂直整合。結構優勢來自於企業可以在價值鏈中增強互補性和移動性；然後我們可以

---

[8]　Chesbrough, H. (2007), "Business model innovation: it's not just about technology anymore", Strategy & leadership, 35(6), 12-17.

[9]　Jacobides, M. G., Knudsen, T., & Augier, M. (2006), "Benefiting from innovation: Value creation, value appropriation and the role of industry architectures", Research policy, 35(8), 1200-1221.

藉由指出「參與者如何從投資在因創新而產生的資產中獲益」說明了價值如何被創造。企業對於互補性資產的投資也可以改變企業的範圍，從而改變支持未來創新的能力。

　　關於專利的價值創造，經濟合作暨發展組織（Organization for Economic Co-operation and Development, OECD）提出的《Intellectual assets and value creation: Synthesis report》[10] 報告中提到在企業層級上，由智慧資產創造價值的能力取決於個別企業的管理能力和實施適當的商業策略。而可以創造價值的三種方式分別是：增加消費者剩餘、增加生產者盈餘或增加公司的股票市場價值。從研發、專利、人力資本、軟體等方面的研究顯示對於智慧財產權的投資平均回報率是大的。處於領導地位的企業透過將內部研發活動與其商業策略更緊密地結合，並依靠外部來源獲得互補性的知識並完成技術布局，從而提高了研發過程的效率。在智慧財產權領域中一些企業透過實施智慧資產管理程序，實現了可觀的收入增長。這些公司主要是透過授權和銷售實現專利的價值，它們將低價值專利轉讓給創投企業，並以較高價值的創新專利改進本身的產品和服務。

2.3　專利商業化與獲利模式

一、專利商業化原理

　　在討論專利該如何獲利之前，應該先討論專利該如何商業化，因為專利獲利的方式主要是將專利商業化（Commercialization）。依王玉民，馬

---

[10] OECD, "Intellectual Assets and Value Creation: Synthesis Report", http://www.oecd.org/sti/inno/oecdworkonintellectualassetsandvaluecreation.htm，最後瀏覽日期：2017/08/21.

維野（2007）在《專利商用化的策略與運用》[11] 一書中所述，專利商業化的原理包括：

1. **專利資產商品化**：主要在實現技術的價值，具體做法是專利銷售、專利資本化等，適用在專利服務業型的產業中。

2. **專利技術應用**：主要是由創造技術價值，具體做法是適用產業專利技術用於製程，適用在專利服務業型的產業中。

3. **專利制度整合運用**：主要是由壟斷產生價值，具體做法是將專利結合商標或技術標準，適用在顧問與管理業產業中。

4. **專利技術與創意**：主要是創造市場價值，具體做法是將專利在專利市場交易，適用於創新創業者。

5. **專利資訊應用**：主要是發掘市場價值，具體做法是進行專利的價值分析與評估，適用於資訊與市場顧問業。

關於專利商業化模式的比較請見表 2-2。

表 2-2　專利商業化原理比較〔王玉民、馬維野（2007）〕

	專利資產商品化	專利技術應用	專利制度整合運用	專利技術與創意	專利資訊應用
具體做法	專利銷售、專利資本化	專利技術用於製程	專利結合商標或標準	專利市場交易	價值分析與評估
風險	難度低、風險小	難度低、風險大	難度高、風險低	難度高、風險高	難度低、風險低
價值類型	實現技術價值	創造技術價值	由壟斷產生價值	創造市場價值	發掘市場價值
適用產業	專利服務業	生產製造業	顧問與管理業	創新創業者	資訊與市場顧問業
利潤	中	中	高	高	低

---

[11] 王玉民，馬維野（2007），「專利商用化的策略與運用」，北京：科學出版社。

二、專利商業化獲利模式

專利商業化可以使專利獲利，而依《專利商用化的策略與運用》一書中所述的專利商業化原理規劃出可獲利的專利商業化方式：包括專利標準化、專利資本化、專利商品化以及專利產品化。如果以本章前述專利獲利類型來區分，專利標準化的獲利原理是**尋租行為**；專利資本化、專利商品化的獲利原理是**價值創造**；專利產品化的獲利原理是**競爭優勢**。分別說明如下。

（一）專利標準化

專利標準化就是以專利制定技術標準，並將技術標準產業化。相關的技術標準包括產品標準、行業標準、區域標準、國家標準和國際標準，然後透過技術標準授權收取費用，這些費用屬於超額利潤，因此是一種**尋租行為**。

（二）專利資本化

專利資本化是指將專利在資本市場上進行運作，主要包括以下幾類：

1. **專利證券化**：專利證券化是一種金融創新，是將可預期現金流的專利視為資產，透過對其風險與收益要素進行分離與重組後出售給一個特殊目的機構（SPV），再由該機構以專利未來現金收益為支持發行證券融資。但專利證券化的難度在於要尋找產權清楚、權利範圍和法律效力明確的高品質專利才能吸引投資人，而且專利價值難以估計且變動大，因此實施上較為困難。

2. **專利信託**：即專利權人出讓部分收益，在一定期間內將專利委託給信託投資公司管理經營。而信託投資公司將專利包裝後已向一般投資人吸收風險基金等方式運作。

3. **專利質押融資**：將專利視為無形資產，以類似有形資產的方式質

押或融資。

　　專利資本化最重要的就是專利的品質和市場價值，因此專利資本化獲利的原理是**價值創造**。

（三）專利商品化

　　1. **專利轉讓**：將專利權直接轉讓給其他人，包括銷售、拍賣、綁售等方式。

　　2. **專利授權**：專利授權不是將專利直接轉讓給其他人，而只是允許被授權人在一定時間、一定區域內以一定方式實施其專利。授權可分爲限定只給一個被授權者的專屬授權，以及可授予多個被授權者的非專屬授權。專利授權後被授權人可能生產製造及販售相關產品，進而影響專利權人自己生產製造及販售相關產品的利潤。因此專利權人要在授權與自行實施專利之間權衡（Trade-off），所以授權不應該被視爲尋租行爲。而授權的費用與價格與專利對被授權人的價值有關，因此應該被視爲價值創造。

　　與專利資本化相同，專利商品化最重要的就是專利的品質和市場價值，因此專利商品化獲利的原理是**價值創造**。

（四）專利產品化

　　專利產品化是以實施專利專屬技術製造產品，並在市場上銷售。由於產品銷售包括的因素以及競爭力包括企業的聲譽、產品品質、銷售能力、生產成本等。企業必須有較低成本或差異化、高品質產品才能或的市場競爭優勢，擊敗對手並提高市佔率。因此專利產品化的獲利原理是來自**競爭優勢**。

第三章　專利價值與專利布局

　　專利價值是非常重要，因為企業如果無法判斷專利的價值而沒有將資源集中在具有價值的專利，浪費在沒有價值的專利投資，對公司的發展反而是負面的。然而對於專利的價值，有許多不同的說法，本書認為Allison 和 Lemley（2003）所歸納的專利價值的討論相當具有價值；但是本書仍然對於評估專利價值的原則提出一些補充的意見。另一方面，近年來實務上專利布局也愈來愈受到重視，本章也介紹專利布局的概念，以及專利布局的價值如何評估；因為專利和專利布局的價值評估是有所不同的，主要因為專利布局需要較高的成本，因此需要衡量其經濟價值。

　　根據以上的說明，本章的內容包括：

- **專利的價值**：為何要了解專利價值、評估專利價值的方法、如何以專利指標評估專利價值、評估專利價值的原則。
- **專利的布局**：從專利策略到布局、如何進行專利布局。
- **專利布局的價值。**

3.1　專利的價值

一、為何要了解專利價值

　　專利和專利布局是現代企業重要的無形資產，許多公司花了大量的資源和時間在研發並申請專利，都希望能從專利及專利布局的組合獲得回報，因此評估專利的總體價值是必要的。要了解專利價值可以用請外部專業人士來進行鑑價、參加專利拍賣、比照其他公司相關專利等方式。但企業本身發展一套用以評估其專利的架構也是必需而重要的。目前常用衡量

專利價值的方法主要使用從專利資料庫中的相關專利價值決定參數，包括侵權訴訟中賠償的金額、專利引證等，並且要考慮與專利有關的策略相關性和經濟相關性因素來判斷專利價值。

關於對專利的價值，一直存在很多不同角度的討論。特別是關於為何大多數專利都沒有被利用？有許多學者努力解釋為什麼人們獲得專利後，然後卻不使用這些專利？有學者認為因為很多有價值的專利是被業主自己忽略了；也有人認為其實這些專利在無需進行訴訟的情況下就授權了；或者是還有一種看法：專利本身的存在是對於消費者、競爭對手、創投者或其他投資者的一種訊號；或者專利是一種公司用來保護自己，以防止其他具有專利的公司的攻擊。還有一些人認為，專利制度是一個大樂透遊戲，專利相當於一張樂透彩券，多數彩券是不太可能得到回報的。這個「寄希望於未來」的觀點和專利的前景理論觀點類似。

但對於專利使用的問題，包括專利為何被使用？專利該如何使用之前，應該先面對一個問題：專利的價值應該如何決定？專利價值的判斷與評價對於社會和企業都是重要的，因為透過專利價值的判斷可以知道哪些專利是有價值的，也可以幫助確定權利被侵害時該如何賠償。對於企業而言，因為它可以幫助企業重視並評估無形資產，也可以方便併購的交易，甚至對專利保險市場提供精算基礎。專利的價值對於專利制度的政策分析也很重要，因為就政府角度而言，企業無法提出高價值的專利對國家產業的發展是不利的；而對企業而言，握有一堆低價值的專利，要付出專利成本，增加企業負擔。如果能提供高價值專利，企業可以從智慧財產交易獲利、提升公司在業界的專業聲譽、強化公司的談判籌碼、整體增加公司價值。甚至如果專利價值理論是正確的，它暗示專利局可將審查資源投入正確的地方，也就是說花費較多的精力在有價值的專利。因此研究者長期以來一直試圖提出衡量專利價值的因素，以及如何衡量專利價值。

二、評估專利價值的方法

Munari 和 Oriani（2011）[1] 提出專利價值衡量的方法如圖 3-1 所示，主要包括以下兩大類：

- **定性的（Qualitative）價值衡量**

主要包括以下兩者不由量化方式而得到專利價值的方式：

(1)盡職查核（Due-Diligence）：由調查過程發現專利的優勢與弱點的方法。

(2)競賽／排序（Rating/Ranking）：由和其他同領域相關專利比較而得到此專利是「重要的」、「不重要的」或「普通的」等不同價值評級的方法。

- **定量的（Quantitative）價值衡量**

包括單一的專利和整體專利布局經濟價值估計，稱為貨幣的（Monetary）定量價值，其包括：

(1)成本基礎（Cost-Based）價值衡量。

(2)市場基礎（Market-Based）價值衡量。

(3)收入基礎（Income-Based）價值衡量。

(4)實質選擇權（Real Options）價值衡量。

以及代表專利品質的專利資訊價值估計，成為非貨幣（Non-Monetary）定量價值，其包括：專利指標（Patent Indicators）價值衡量。

---

[1] Munari, F., & Oriani, R. (Eds.). (2011), "The economic valuation of patents: methods and applications.", Edward Elgar Publishing.

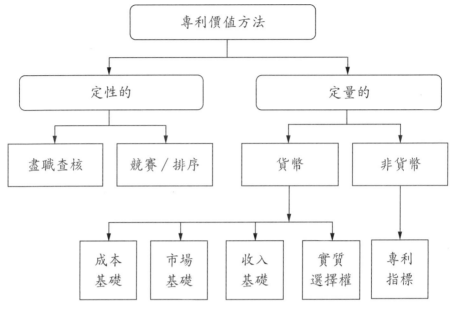

圖 3-1　專利價值衡量方法分類〔Munari & Oriani（2011）〕

三、如何以專利指標評估專利價值

　　雖然我們討論了衡量專利價值的方法，但一般而言對於專利價值的估計，還是多半基於專利指標進行價值估計；因此本章中也先介紹基於專利指標的價值估計。關於如何以專利指標評估專利價值，最重要是識別兩個問題：首先是讓專利有價值的因素是什麼？其次是如何識別出具有這些因素的有價值專利？以往學者研究的結論針對此問題提出一些常見的觀點，包括：

- 專利中的申請專利範圍數量（**Number of Claims, NC**）：代表專利的寬度。
- 專利的後向引證（**Backward Citation, BC**）：又稱為後向引用資訊，因為其專利文獻資訊是發生在比專利更早的時間（Backward

Time），而引用的相關資訊包括引用的專利資訊和非專利資訊（如期刊論文、會議文章、技術標準等）；有些人以也就是專利中引用的參考文獻的數量來衡量專利價值。

- **專利的前向引證（Forward Citation, FC）**：專利的被引用次數，也就是後續專利對該專利的引用，是證明其他發明人對此專利的重要性認可的證明。
- **個別專利的不同國際專利分類（IPC）的數量。**

而要了解專利的價值，從實務上驗證是較好的方式。Allison 和 Lemley（2003）在 2003 年發表了《Valuable Patents》[2] 一文，該文提出根據 1963 年至 1999 年間美國公告的 2,925,537 項專利，以及 1999～2000 年期間終止的所有專利訴訟中與 6,861 項專利相關的 4,247 件不同案件，再進一步從中選擇了兩組子集合來進行更深入的研究：包括 1996 年中期至 1998 年中期之間授權的 1,000 項專利的隨機樣本，以及在此兩年期間公告並和 1999 年至 2000 年間發生的侵權訴訟相關的 300 項專利。Allison 和 Lemley（2003）得到研究結果認為專利價值的因素包括：

1. 申請專利範圍（Patent Claim）

專利申請範圍（Claim）數量多有助提高專利價值，平均而言，涉及訴訟的專利比一般專利擁有更多的專利申請範圍。Allison 和 Lemley（2003）的研究顯示涉及訴訟專利平均有的 19.6 項專利申請範圍，而一般非訴訟專利的專利申請範圍數目為 13.0 項。以上數據的解釋方式有很多，也無法精確解釋申請專利範圍和訴訟數量之間關係，但比較清楚的訊息是：專利權人申請專利時要的申請專利範圍愈多，主要是要幫助保留專

---

[2] Allison, J. R., Lemley, M. A., Moore, K. A., & Trunkey, R. D. (2003), "Valuable patents", Geo. Lj, 92, 435.

利的有效性；又因為撰寫申請專利範圍、提出專利申請和提出訴訟方面的成本很高，當申請人願意花更多的申請專利範圍時，表示專利權人至少更重視其專利，也預期自己的專利將是重要的、具有前景的。

2. 引用先前技術文獻（Prior Art Citations Made）

　　專利在申請時會引用許多現有的相關技術，根據 Allison 和 Lemley（2003）的研究，涉及訴訟專利平均引用了 14.20 項美國專利，而一般非訴訟專利平均只有 8.43 項。而且 Allison 和 Lemley（2003）以多變量迴歸分析確認了引用現有技術與訴訟專利之間的密切關係，而且研究顯示美國專利訴訟中引用美國專利比外國專利的比例高，即使外國專利權人每年獲得美國專利數目已占美國專利總數的 45%。如果訴訟專利引用較多的國外專利，有可能技術有跨地理領域的溢出，也有可能這些專利在國外也在訴訟中，這表明這些專利可能被認為更有價值。

3. 專利被引用次數（Citations Received）

　　涉及訴訟的專利比非訴訟專利更有可能被其他美國專利引用為現有技術，Allison 和 Lemley（2003）的研究顯示一般非訴訟專利平均獲得了其他專利的 4.32 次引用，訴訟專利則從其他專利中獲得了 12.23 次引用。這也是可以解釋的，因為涉及訴訟的專利可能是與對市場有吸引力技術相關的，因此參與的市場競爭者多，價值高的專利被引用的機會當然高。以現代常用的社會網路分析法（Social Network Analysis）分析專利群集時，被引用連結多的專利也常被視為較有價值的。但本書認為以專利被引用次數來評估專利價值，需要注意兩點：一是完備的專利引證不是每個國家的專利制度下都可能發生的，通常美國專利制度的規定是最完備的；二是和引用文獻的觀念很像，可能包括了正反面意見，因此使用起來要再加以檢視。

4. 普遍性與原創性指標（**Generality and Originality Indexes**）

　　Allison 和 Lemley（2003）利用 Jaffe 和 Trajtenberg 所定義的「普遍性」（Generality）和「獨創性」（Originality）定義，但關於這樣學者制定的專利價值指標很多，我們就不一一詳細說明其定義。但 Allison 和 Lemley（2003）還是得到涉及訴訟專利的指標值高於一般非訴訟專利的指標值。

5. 專利分類（**Patent Classifications**）

　　專利分類數量討論是很複雜的，以往在關於專利價值的討論中，專利分類的涵蓋面常被作爲專利價值的指標。但 Allison 和 Lemley（2003）的樣本研究沒有支持專利歸屬於美國專利商標局或國際專利分類（IPC）系統分類的數量，與專利是否會涉及訴訟有關。而以 14 個技術領域分類來看，涉及訴訟專利平均涉及技術領域數目爲 1.99 個，而非訴訟專利則歸屬 1.59 個不同領域；不過在不同分類情況下數字是會有變化的。這樣的事實也可以解釋如下：因爲技術分類不是爲呈現專利價值的目的而設計的，所以衡量分類作爲專利廣度證據無法獲得實證支持。

6. 專利及專利申請案家族（**Families of Applications and Patents**）

　　Allison 和 Lemley（2003）討論涉及訴訟的專利和非訴訟專利的專利家族（Patent Family）中專利的數量，涉及訴訟專利家族中專利的數量平均爲 1.85 個，專利家族中專利的數量平均爲 1.22 個。和前述幾個專利價值的判斷因素不同，專利家族涉及專利成本（Patent Cost），也就是說當專利權人將一個技術拆成一些大致相似但部分相異的不同專利來申請時，必須付出的申請、維護費用都增加了。如果不是專利權人認爲此一專利的技術具有較高的價值，應該較無可能付出較高的專利成本。但專利家族也有專利叢林的作用，特別是跨國性的專利家族，會讓後續進入市場的競爭者混淆。

另一種指標是專利權人意圖延長保護期或是修改專利內容的專利，例如部分連續案（Continuation-in-Part, CIP）。這種情況是當專利申請案進入審查後，原則上申請人便無法增加說明書所述之內容，但若發明人又有了技術的新進展，在這種情況下申請人可以提出 CIP 來增加發明新進展的部分，所以在 CIP 案中，其說明書內容會有一部分與母案相同，當然也會新增一些事物（New Matter）。其中，CIP 之優點是其與母案相同的部分可以擁有母案的申請日，但對於新事物的申請日還是要回歸 CIP 所提出之日期。因此如果該專利被核准，則該專利在某些內容會有較長保護期。Allison 和 Lemley（2003）發現每一個涉及訴訟專利會申請 CIP 的為 0.6 個，而非訴訟專利的平均為 0.18 個。從上述專利家族和 CIP 的觀念可延伸出另一個觀點：當專利權人覺得自己的專利具有價值時，他們比較願意投入時間和金錢和專利局進行「纏鬥」，包括不斷的申復、或是採用一些申請的技巧和利用制度的巧門，設法讓專利透過或延長專利的時效。這些必須要有經驗的團隊才能進行，因此是企業專利的特色之一。

7. 專利申請時程（Prosecution Length）

涉及訴訟專利和一般非訟專利的申請時間差別很大，Allison 和 Lemley（2003）發現涉及訴訟專利平均花費 4.13 年，一般非訟專利平均為 2.77 年。這和前述所說專利權人對其專利價值的評估有關，專利權人寧可多花時間答辯申復，也不肯稍加退讓以換去較快的核准。特別是在美國，有許多是外國申請人，相關的作業會更複雜更費時日。另一方面，經過審查員和申請權人反覆的辯論和釐清，所得出來的結論也可能是較好的權利範圍共識，這使得專利的價值也較能獲得保護。

8. 專利年限（Patent Age）

和前述一些專利指標不同，專利的年限是十分客觀的指標，因為專

利的年限是法令規定而非申請人所能主觀認定的。研究顯示當專利愈接近到期年限時，涉入訴訟的機會愈來愈低，因為其價值是愈來愈低的。在醫藥界最有名的就是專利懸崖（Patent Cliff）；也就是指一個專利保護到期後，依靠專利保護獲取銷售額和利潤的企業就會一落千丈。例如 Fierce Pharma 每年都會提出一些即將到期的專利[3]，這些專利到期會讓有興趣的學名藥廠大舉進入，侵蝕專利權藥廠的市場占有率和獲利。

Allison 和 Lemley（2003）提出的觀點，包括其之前關於專利價值討論的歸結及 Allison and Lemley 自己提出的新看法，基本上後續許多關於專利價值的討論上離這些因素也不太遠。但 Allison 和 Lemley（2003）提出的研究對象是涉及訴訟的專利，因為假設涉及訴訟的專利是較有價值的，這些專利包括以下的特點：

(1)涉及訴訟的專利往往是較新，即在獲得核准後不久即涉及訴訟。

(2)涉及訴訟的專利往往是國內的公司，而不是外國公司。

(3)涉及訴訟的專利往往是個人或小公司，而不是大公司的。

(4)比非訴訟專利引用更多的現有技術，也更有可能被其他人引用。

(5)審查相關程序時間比普通專利長。

(6)比一般非訟專利有更多的權利要求項。

(7)不同行業別有差異，他們來自某些行業不成比例。機械、電腦和醫療器械行業比化學和半導體行業的專利較少訴訟。

根據以上的分析，Allison 和 Lemley 也提出了「專利價值理論」（Patent Value Theory）的觀點，做為判斷專利價值的理論解釋，Allison 和 Lemley（2003）評論這個理論的重點是：

---

[3] Fierce Pharma,《Top 10 U.S. patent losses of 2017》, http://www.fiercepharma.com/special-report/top-10-u-s-patent-losses-2017，最後瀏覽日期：2017/08/24。

基於「專利價值理論」，公司開始對其專利布局付出更多的關注，也會更多地利用他們擁有的專利。當然有一些傳聞證據表明，現在的公司專利比 20 世紀 70 年代有更高的獲利，專利訴訟也在增加，授權也可能在增加。專利重要性的增加可能意味著專利權人願意花更多的精力在正確的獲得專利，從而提高其專利的價值。提出更多的專利申請範圍是實現此目標的方法之一，因爲它使專利更有可能被「讀入」（Read on）作爲控訴侵權者的武器。對於先前技術的引用也使的專利在訴訟時更有價值，因爲專利局已根據這些揭露的先前技術考量而決定核准該專利。較多的專利申請範圍和更多對於先前技術的引用也代表更長的審查時間，而這也代表專利權人有意願爲了更佳前景的專利而奮戰。

四、評估專利價值的原則

對於專利價值的判斷，不可避免的存在一些盲點，包括：

- 大多數的討論是針對單一專利的，但現在愈來愈重視專利布局的價值。許多能獲得專利授權收入的公司，靠的是殺手級的專利布局組合，而不只是單一專利。

- 對於新概念和新興技術領域的專利，由於較缺乏先前技術比較，也較無法考慮未來的應用前景，可能在申請時採取較保守的方式，其眞實的價值也較難估計了。

- 而根據 Allison 和 Lemley（2003）提出的專利價值研究，有一個「涉及訴訟專利是具有高度價值的專利」的假設，也許在通則上是成立的，但可能有遺珠之憾。

- 最後，如果以經濟學的觀點來看，專利的「價值」可能有不同定義，一般認爲專利的價值是爲公司帶來利潤，但就經濟學的觀點

可能認爲能提升整體社會福利而不被少數人壟斷利益的，才是有
價值的專利。

由於專利價值的評估通常有不同的目的：包括市場交易、授權談判、
財務報告、侵權損害估計等。不同的目的可能採取不同的評價方法：例如
定性的（Qualitative）和定量的（Quantitative）、貨幣的（Monetary）和
非貨幣（Non-Monetary），也就是說不同目的下估計出來的專利價值可能
會不同。值得注意的是專利分析的結果可能跟專利價值有關、也可能無
關。因爲我們在進行專利分析時，有時會主觀加入一些變數，如引證次
數、企業專利申請量、同一技術領域專利數等，這些對於專利本身的價值
可能不直接相關，如企業專利申請量；或是要經過解讀才知道對價值是否
相關，如引證次數是前向引證還是後向引證？引證的目的是作爲技術網絡
中的脈絡還是拿來批評？基本上能作爲專利價值指標的，本書認爲應該具
有以下特性：

1. 共通性

專利價值指標要爲各行業能夠接受，例如最好要能符合《國際會計準
則第 38 號》「無形資產」的規定。《國際會計準則第 38 號》中關於「無
形資產」的規定如下[4]：「企業於取得、發展、維護或強化無形資源時，通
常會消耗資源或發生負債。此類無形資源可能包括科學或技術知識、新程
序或系統之設計與操作、許可權、智慧財產權、市場知識及商標（包含品
牌名稱及出版品名稱）。該等無形資源常見之項目，例如電腦軟體、專利
權、著作權、電影動畫、客戶名單、擔保貸款服務權、漁業權、進口配
額、特許權、客戶或供應商關係、客戶忠誠度、市場占有率及行銷權。」

4　劉啓群，「無形資產之會計處理」，www.sfb.gov.tw/fckdowndoc?file=/95 年 12
　月專題一 .doc&flag=doc，最後瀏覽日期：2017/08/24

而《準則》中進一步說明無形資產之定義是「即可辨認性、對資源之控制及未來經濟效益之存在」。其中的可辨認性指的是：「(1) 係可分離，即可與企業分離，即可與企業分離或劃分，且可個別或隨相關合約、可辨認資產或負債出售、移轉、授權、租賃或交換，而不論企業是否有意圖進行，而不論企業是否有意圖進行此項交易；或 (2) 係由合約或其他法定權利所產生，而不論該等權利是否可移轉或是否可與企業或其他權利及義務分離。」而「控制」指的是企業有能力取得標的資源所產生之未來經濟效益，且能限制他人使用該效益時，則企業可控制該資產。企業控制無形資產所產生未來經濟效益之能力，通常源自於法律授與之權利。若缺乏法定權利，企業較難證明能控制該項資產。然而，具備執行效力之法定權利並非控制之必要條件，因為企業可採用其他方式控制資產之未來經濟效益。

「未來經濟效益」是指：「無形資產所產生之未來經濟效益，可能包括銷售商品或提供勞務之收入、成本之節省或因企業使用該資產而獲得之其他效益。例如在生產過程中使用智慧財產權，雖不能增加未來收入但可能降低未來生產成本。」

共通性的重要性在於能使不同領域的人能夠了解專利的價值，特別是在負責企業金流命脈最重要的會計部門，能夠了解專利的價值；因此符合會計準則的專利價值指標，對專利的營運比較有建設性。而綜合以上的定義，專利最好具備「可辨認性、對資源之控制及未來的經濟效益」等幾個基本因素，才是有價值的。

2. 功能性

如本書前面所述，專利最重要的功能在專利願景以及專利叢林。專利願景來自排除權，使企業能夠藉由此排除權在市場擁有獨佔的收益，或者藉由訴訟獲的賠償，或是由授權費收取權利金。如果無法達成完整的排除

權，有時專利叢林可達成對競爭者的阻礙，此時專利布局的功能就十分重要。

3. 策略性

能夠達成企業專利策略目標的專利價值較高，當企業需要某個專利來補強其專利的缺口，然後就可以達成在市場上擊退競爭者的目的時，此時此關鍵專利價值就相對高，因爲有了它企業可能可獲得整個市場龐大的獨占利益，此時應該以市場商品的可能獲利來替專利定價才合理，而這也符合前述《準則》中無形資產所產生之未來經濟效益的精神。

4. 合法性

任何再有價值的專利，如果法律地位不穩固，則不僅專利價值必須打折，甚至專利的權利都可能失去。例如專利歸屬權的不明確，或是專利具有被舉發的可能性。因此世界智慧財產權組織 WIPO 提出「專利審計」（Patent Audit）的概念，也就是在專利交易前，應該要先進行各項查核以確保待交易的專利是法律上有效的。

5. 可實施性

專利權人可能從侵權者手上得到侵權補償而有收益，但眞正有價值的專利是可實施的，如此才有授權的可能、其他人也才有購買的意願。從另一個角度看，如果在侵權訴訟中，被侵權的專利是正在實施的，法院也較能從實施專利的獲利來評估專利被侵權的損失，進而給被侵權專利權人合理的補償。

然而隨著科技的發展，專利價值的決定和評估愈來愈複雜。企業對專利的營運不只從線性的過程，如產品設計、研發、申請專利、生產製造一直到侵權訴訟。而是在產品設計過程中就評估市場狀況、競爭對手，甚至在各過程中都可能根據策略需要進行專利申請或布局。跟單一專利相比，

專利布局不容易被競爭對手全部舉發無效，因此對競爭對手而言，繼續存在專利叢林威脅的可能性很高。因此企業必須利用專利和專利布局的優勢來解決其弱點，並提出不同的方案。例如可決定出售或保留專利、適當評估與合作夥伴談判授權協議的方式。因此進行對專利布局價值的分析可以幫助決策過程並確定公司最佳專利策略；此外，專利布局的價值分析可以改善專利布局管理，以強化公司的智慧財產權管理。

3.2 專利的布局

一、從專利策略到布局

自 1980 年代美國採取親專利政策以及聯邦巡迴上訴法院成立後，美國逐漸改變了對智慧財產權的政策立場，由以前的反市場壟斷觀點，改為強化專利的保護。在此期間美國產業界以及政治人物也紛紛推升智慧財產權的保護力道，因為美國產業界普遍認為，如果美國產權業的研發投資欠缺有力的保護，則美國經濟會受到亞洲新興經濟體的挑戰，包括從以前的日本、接下來的亞洲四小龍到後來的中國等。此後，美國的親專利政策（Pro-Parent Policy）發揮了很大的作用。然而不僅美國，全球產業界及政府的智慧財產權管理及政策都開始改變；但各國強化專利和產業的保護也造成了許多商業上的紛爭，特別是在資通訊產業，許多專利侵權訴訟風起雲湧，因此這些專利上的競爭也被稱為「專利戰爭」（Patent War）。

關於專利對企業的意義，一般認為專利代表企業對於技術探索增加的關注程度；當公司積極從事新技術、新產品的研發，才有後續專利的產出。而專利的申請和授權也是公司的策略行為，包括以專利做為攻擊或是防禦的武器。許多美國公司彼此之間，以及在與日本公司在專利戰爭中有

多次的交手經驗；因此美國企業累積了許多的實戰經驗語與技巧，並以此做為後續與臺灣、韓國、中國等企業在技術市場以及高科技產品市場競逐的基礎。我們可以從最近十多年的手機專利大戰中看到相關的例子：透過專利侵權訴訟、專利邊境保護，美國企業從國外競爭者手中獲得巨額授權金或補償，也有些例子表明如何順利阻擋其他企業商品入境或上架。但其他企業也不是省油的燈，他們也紛紛採取提升研發能量、爭取專利資源、在其他國家和地區反訴等手段進行反擊。這造成了以往結果一面倒的專利戰爭已不復見，而且智慧財產權的管理、特別是專利管理變得格外重要。

在今天，全球市場都知道專利的重要性，也都紛紛強化專利的策略性部署，而這些部署的基本原則是深化其收益。也因此專利的策略和企業的技術策略、商業策略的密切配合，已成為有規模企業的企業策略基本架構。另一方面，策略必須要進行管理，而管理常被認為是複雜的、黑箱的。而且策略可能在不同的管理階層內實施，智慧財產權的管理也有類似的情形；因此對於智慧財產權的管理，也成為重要的課題。通常管理的概念是從 4S 建立起來的：包括規模（Scale）、範疇（Scope）、速度（Speed）、空間（Space）。然後將這些原則伴隨不同的資源加以組合並多角化；而關於智慧財產權策略的思考也是相同的：不同的智慧財產權策略和不同商品的商業策略有關。而不同的策略間應該是互補的，另外產品的商業策略也可由不同的智慧財產權策略所組合。

二、如何進行專利布局

企業的專利策略，主要包括申請、布局、訴訟、管理、授權等策略，而本章暫時只討論申請與布局策略。Ove Granstrand 教授在《Strategic

Management of Intellectual Property》[5] 一文中曾提出六個主要的專利布局策略：即特定的阻卻專利布局（Ad Hoc Blocking and Inventing Around）、策略型專利布局（Strategic Patent）、地毯式專利布局（Blanketing and flooding）、專利圍牆（Fencing）、圍繞式專利布局（Surrounding）、組合式專利布局（Combination）。其中阻卻專利布局成本低，功效較差；策略型專利布局需要技術水準較高，但功效較大；地毯式專利布局通常用在不確定性高的新興技術領域；專利圍牆則是以同一發明標的的不同形式，形成對手研發與應用的阻礙。而當對手擁有關鍵專利時，則可使用圍繞式專利布局阻礙對手技術進一步的使用與開發。以下我們說明 Ove Granstrand 的六個專利布局策略：

1. 特定阻卻專利布局（Ad Hoc Blocking and Inventing Around）

用較小的資源的專利和專利組合，以達到特定阻卻效應的效果，這種做法通常使用在特定領域。

2. 策略性專利搜尋（Strategy Patent Searching）

有較的大技術阻絕能力，能對後續競爭者造成進入障礙的專利稱為策略性專利（Strategic Patent）。通常策略性專利有較高的發明迴避成本，而且此種專利必須在特殊產品領域做商業應用，如做為技術標準等。

3. 地毯式或淹沒式專利（Blanketing and Flooding）

地毯式專利的例子是布建專利叢林（Jungle）和布雷區（Minefield），對手在每個製造產品的過程中，都可能觸到地雷或炸彈。而淹沒式專利則

---

5 Granstrand, O., "Strategic Management of Intellectual Property", http://www.ip-research.org/wp-content/uploads/2012/08/CV-118-Strategic-Management-of-Intellectual-Property-updated-aug-2012.pdf，最後瀏覽日：2017/08/21

較少用結構式、多重專利的做法，而是在一個領域中藉由專利獎勵和有意
識的策略來達成效果。從技術觀點來看，此兩者都是盡可能在最少發明的
狀況下來得到專利。這類專利布局方式適用於阻擋行動較緩慢的競爭者，
也可拿來做爲專利布局中討價還價的籌碼，

4. 專利圍牆（Fencing）

是以一系列的專利以一定的方式排列，以封鎖住對手研發的方式，這
種方式常用在如化學化工製程中的可能參數範圍、分子的設計、幾何形狀
設計、生產過程壓力溫度變化等。也就是在技術研發過程中具有路徑依賴
特性的技術。

5. 圍繞式專利（Surrounding）

將一些專利圍繞在重要專利（如策略性專利）的周邊，形成對該專利
的包圍，以鞏固核心的策略性專利，通常被圍繞的核心專利應該是可商業
化的專利。這種方式的另一個應用模式是交互授權，如果核心專利被保護
的很好，則對手只好跟專利權人談判授權；但我們不能排除當核心專利出
現後，是競爭對手出手申請相關專利把核心專利圍繞，此時雙方可能以交
互授權的方式來使用此技術爲佳。

6. 專利網組合（Combination into Patent Networks）

用不同的類型的專利建構專利布局以增強技術保護和談判能力。

3.3　專利布局的價值

從資源基礎的觀點來看，專利布局比單一專利更適合做爲公司的資
產，因爲多個同一技術主題的專利，會提高訴訟和迴避的難度，對於企業
阻擋競爭者有更好的效果。對於專利布局的起始想法，就是多個專利比單
一專利更不容易被舉發而失效。專利布局的目的也包括配合公司經營策略

並創造公司的競爭優勢，因此，專利布局價值評估必須考量市場環境、技術狀況、公司財務狀況以及經濟相關性。專利布局是一種以發揮發揮槓桿作用為目的的策略行為，其投資必須作完整評估；因此管理者必須利用專利文獻資料了解專利的經濟和策略價值，在決策時才能考量專利行動的策略和專利與經濟的相關性。

Grimaldi 等人在（2015）《The patent portfolio value analysis: A new framework to leverage patent information for strategic technology planning》[6] 一文中提出五個評估專利布局的因素：申請專利範圍（Claims）、引證（Citations）、市場涵蓋面（Market Coverage）、策略關聯性（Strategic Relevance）和經濟關聯性（Economic Relevance）。其中前三個因素參考專利文獻資訊而得，分析的是技術、科學創新和跨地域的專利效力，最後兩個是參考策略和經濟的資訊。理論上從申請專利範圍的分析，可以得出其創新的技術重要性和公司技術能力，從引證的特點出發，可以分析創新的原創性和相關性；市場涵蓋資訊表達全球跨域專利保護的能力；策略相關訊息允許在價值創造過程中可以評估專利的策略重要性；經濟相關資訊則討論市場價值和財務狀況。

對於專利範圍（Claims）、引證（Citations）、市場涵蓋（Market Coverage）這三項因素的內涵與功能，和單一專利價值中所討論的差異不大，前述已經討論許多，所以這邊不再討論。其中和單一專利價值分析差異較大的是策略關聯性，主要在於使用專利做為企業競優勢的資產，因此專利必須因應競爭對手的差異化策略；另一方面，專利也可以授予第三方

[6] Grimaldi, M., Cricelli, L., Di Giovanni, M., & Rogo, F. (2015), "The patent portfolio value analysis: A new framework to leverage patent information for strategic technology planning", Technological forecasting and social change, 94, 286-302.

使用以作爲收入來源；這些都代表了專利在價值創造過程中的策略意義。
Grimaldi 等人（2015）也提到此時專利資訊可做爲獲得競爭對手資訊的來
源，透過這些資訊可以監控競爭對手，並藉以評估其技術和研發，然後
建立企業自己的策略規劃。在這方面德國學者 Ernst 有相當詳細的觀察研
究，本書在後續章節將說明他的看法。但 Grimaldi 等人（2015）也提到，
在實證研究中顯示，雖然不乏前例，但專利資訊很少用於策略規劃。另外
在經濟關聯性方面，評估專利經濟意義的方法可以分爲量化或質化兩個方
面，量化方法主要基於成本、市場和收入的數字資訊來提供客觀量測；質
化方法透過了解其應用過程和上下文以及透過檢查其他非數字特徵來確定
專利的價值；這些方法提供了一般不以金錢表達的解釋和主觀評價。

　　Grimaldi 等人（2015）以訪談的方式，訪問受訪者對於專利價值特
徵的看法，因此由專利訊息資料中決定了五個和專利布局價值相關的關
鍵資訊，分別是：(1) 技術範圍（Technical Scope, TS），(2) 前向引證頻
率（Forward Citation Frequency, FCF），(3) 國際範圍（International Scope,
IS），(4) 專利策略（Patenting Strategy, PS），(5) 經濟關聯性（Economic
Relevance, ER）。這些標準可以包含獲取專利知識的重要訊息，綜合了五
項分析標準所取得的成果，以檢驗專利組合的感知價值，評估和利用專利
組合。詳細說明如下：

1. 技術範圍（TS）

　　這裡的技術範圍定義和申請專利範圍相關，關於申請專利範圍的意義
前面已經有說明，這裡的定義是專利的申請專利範圍（請求項）數目除以
同一公司在同一技術分類（IPC）的專利中，最大的請求項數目。而專利
的 TS 值在 0 到 1 之間，TS 的值愈大，代表公司在同一技術領域內的專
利請求項愈多，而專利布局的 TS 值等於此專利布局組合中所有專利 TS
指標的平均值。

2. 前向引證頻率（FCF）

關於引證的意義前面已經有說明，但 Grimaldi 等人（2015）決定只採用前向引證，主要因其代表已開發的技術的進步與否。但因為專利的前向引證和專利出現的時間有關，也就是專利被引用會比專利出現延遲一些時間而且專利公告第一年通常引用較少，這稱為時間延遲（Time Lag），因此計算前向引證的次數，有必要考慮專利的年限，所以這裡是將專利請求項除以專利的年齡。

3. 國際範圍（IS）

有研究者認為專利的地域範圍可以代表在不同地區創新成功，而且較大的覆蓋範圍代表較大的保護力；但和只看專利資料不同，Grimaldi 等人（2015）以市場和專利品質做評分，以有助分析的專利布局的商業價值。Grimaldi 等人（2015）考慮申請專利的數量來加總，但衡量不同市場重要性，有些地區的專利分數會較高。例如有歐洲專利局（EPO）、美國專利商標局（USPTO）和日本特許廳（JPO）的專利布局，以及專利合作條約（PCT）的專利，會有較高的得分。

4. 專利策略（PS）

從專利策略可以看出某個專利技術在公司內部業務和對公司策略的重要性，但一般而言專利策略除了開發攻擊型和防禦型兩種專利外，其他類型的專利是較沒有共識的，因此此處只就這兩者進行討論。攻擊型專利的策略目的是要建立和維持專屬性和專利的競爭地位；防禦型專利的策略目的分為三個不同的類型：保護發明及相關業務以免受到外部競爭者的攻擊；保護發展的專利並避免外人使用；有時則可以進一步的用途，例如作為公司形象的改善等。

Grimaldi 等人（2015）將專利的策略定位分成以下四類型：

- **競爭性（Competitive）**：保護公司在技術領域領先或保障公司在市場地位領先的專利。
- **商業性（Business）**：保護公司產品的策略定位的專利，對公司在產品層面的業務很重要。
- **防禦性（Defensive）**：限制或解除競爭對手解決方案的，或替對手製造更多障礙的專利。
- **非必要性（Not Essential）**：該專利不是提供公司保護來自競爭者的壓力，也沒有技術的附加價值，而只能在企業形象方面具有重要性。

Grimaldi 等人（2015）並將此四類策略給予不同評價，包括競爭是 1 分、商業性是 0.66 分、防禦是 0.33 分、非必要的是 0 分，以突顯其價值差異。

5. 經濟關聯性（ER）

專利的經濟關聯性描述了目前專利的經濟價值，其表示的是透過經濟／技術內部評估分析的結果。主要目的在評估公司能透過對此專利的使用而產生的創新收益。不過由於銷量資料是機密資訊而無法使用，因此採用比較定性或問卷調查的方式，對高層管理階層以李克特問卷的方式，讓高層管理人員對專利的經濟關聯性給予核心（Core）、高（High）、中（Medium）、低（Low）和無關（No- relevance）五個等級再給予分數。

Grimaldi 等人（2015）並以專利策略與經濟性分析，可以將專利布局區分為以下四類：

- 有價值的（Valuable）：專利策略性高且經濟關聯性高的專利布局。
- 無績效的（Non-Performance）：專利策略性高，但經濟關聯性低的專利布局。

- 非核心的（Non-Core）：專利策略性低，但經濟關聯性高的專利布局。

- 無價值的（Non-Valuable）：專利策略性低，但經濟關聯性低的專利布局。

Grimaldi 等人（2015）將以上四種類型專利繪成圖，如圖 3-2 所示。這樣的分類類似管理界常見的如 BCG 矩陣對於產品的分類，對決策者可以提供較明確而易了解的訊息，有助於決策的進行。

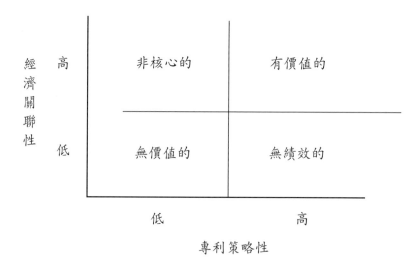

圖 3-2　專利策略與經濟性分析〔Grimaldi 等人（2015）〕

第四章　　專利與企業

　　本章將探討專利與企業的關係，將從專利與企業收益的關係開始，說明專利對企業收益的貢獻及企業收益如何分配。接著再以實證文獻資料探討企業對專利的使用狀況，以及歸結出企業使用專利的動機。其實對於各國企業使用專利的實證研究非常多，包括了不同國家和地區的研究，但因為其結果是相似性很高，因此本章只選擇美國、日本和德國這些具代表性的國家的實證結果來介紹。本章最後並探討專利制度對廠商的影響，包括專利的核准、激勵作用以及制度對產業的影響。本章的內容包括：

- **專利對企業收益的影響**：專利對企業收益的貢獻、企業收益的分配。
- **企業如何使用專利——從實證結果觀察**：企業專利使用的實證研究、由實證結果看企業獲得專利動機。
- **專利制度對企業的影響。**

4.1　專利對企業收益的影響

一、專利對企業收益的貢獻

　　企業向客戶提供產品或服務時至少必須付出租金、維護費用、工資、物料、銷售佣金和廣告等成本，當成本低於客戶支付產品或服務的金額時，才可獲得利潤，在此過程中較難看到企業對智慧財產權、特別是專利投資的貢獻。從會計的角度來看，在創造、購買或授權智慧財產權之前，公司必須確定其對企業整體收入的貢獻，應該和其他成本一樣產生合理的投資回報率。Parr 和 Smith（2005）在《Intellectual property: Valuation, exploitation, and infringement damages》（智財價值、開發與侵權賠償手

冊）[1] 中提到除了電腦產業，在美國非專利產品中技術創新有 40% 的模仿延遲，而製程專利技術創新有 80% 的模仿延遲；日本的模仿延遲期則更長。因此可以用其他方法保護智慧財產權的收益，如營業秘密、領先時間、互補性銷售和服務等以保護其競爭優勢。另外，如果企業要有創新的動力，很重要的一點就是企業必須應用創新來創造企業價值，也就是創新必須能創造經濟效益。

另一方面，因為在競爭激烈的商業環境下，企業的利益最後會因後進者增加、銷售價格下降而使利潤最終會被降到最低水準，高於平均水準的利潤長期以來通常不可能持續。此時被視為企業基石（Key Stone）的智慧財產可以幫助持續的優勢。Parr 和 Smith（2005）在《智財價值、開發與侵權賠償手冊》中提出使用智慧財產權，特別是專利可以獲利的途徑，例如專利藥品就是一個例子，專利期內的專利藥價格與利潤會比學名藥高很多。另一個例子是以專利控制並節約生產成本，其方法有以下幾種：

- 減少原材料的使用量。
- 替代低成本材料而不犧牲品質或產品性能。
- 增加單位勞動投入的產出量。
- 提高產品品質、減少召回產品。
- 提高生產品質、減少浪費或不良品。
- 減少使用電力和其他耗能。
- 控制機械磨損量的生產方法。
- 減少維修成本和維修生產停機時間。

以各項成本來看，Parr 和 Smith（2005）提出銷售和一般生產成本大

---

[1] Parr, R. L., & Smith, G. V. (2005), "Intellectual property: valuation, exploitation, and infringement damages", John Wiley & Sons.

約占 90% 的銷售價格，所以 10% 為稅前盈餘。在成熟市場中，繳納所得稅後的盈餘約為銷售價格的 4～6%。而獲得專利的過程可能會提高盈利能力，包括排除競爭對手使用專利技術製程，而獲得市場優勢後以較高價格出售商品，同時由於節省生產成本而享受更高的利潤；其中生產成本可能從售價的 90% 節省降低到 75%。專利可以使得公司享有很大的市場份額，甚至因占有市場的主導地位使公司增加大量的銷售，如此可以產生規模經濟而節省生產成本。

二、企業收益的分配

Parr 和 Smith（2005）在《智財價值、開發與侵權賠償手冊》中提到企業的總收益通常由下列公式表示：

$$企業的總收益（T_e）＝流動資產收益（WC_e）＋固定資產收益（FA_e）$$
$$＋無形資產及智慧財產收益（IA \& IP_e）$$

其中無形資產及智慧財產收益＝無形資產收益（IA_e）及智慧財產收益（IP_e），而授權費率應該以超額收益，也就是智慧財產收益除以總收益作為許可費率。

三、專利對企業的新價值

除了直接對廠商的收益有所影響，Rivette 和 Kline（2000）在《哈佛商業評論》發表了〈Discovering new value in intellectual property〉[2] 一文，

---

[2]　Rivette, K. G., & Kline, D. (2000), "Discovering New Value in Intellectual Property", Harvard Business Review, 78(1), 54-66.

對於智慧財產權的價值提出了新的看法。Rivette 和 Kline（2000）認爲智慧財產權由三個方向從企業策略管理層面協助企業成功，包括：

- **建立所有權市場優勢**：透過專利商品化模式，保護核心技術和商業方法、促進企業研究發展和提升品牌價值；主要的核心是企業競爭優勢來自創新方式而不是產品。而且擁有智慧財產權的公司也較易組成策略聯盟和交互授權。
- **改善公司財務績效**：除了前面所述專利有助企業的經濟收益，智慧財產權會對企業產生新的收益、降低成本以及創造新的價值並獲的新的資本來源。
- **增加企業競爭力**：專利可做爲競爭的武器，用來包圍競爭者、開發新市場機會等。

Rivette 和 Kline（2000）並以 Amazon 的網路購物「One-Click」專利爲例，Amazon 以此專利對抗 Barners & Noble 公司控告其侵權。另外做爲銷售服務者的 Dell 和 Wal-Mart，差別在於前者申請了專利而後者沒有，因此 Wal-Mart 在電商領域的發展沒有像其競爭者 Amazon 一樣。由此可知專利的價值已從「變現」成爲企業經營策略重要的影響因素。

4.2　企業如何使用專利——從實證結果觀察

一、企業專利使用的實證研究

對於了解企業如何使用專利，最有效的方法是以實證的方式獲得第一手的資料。研究關注的議題通常包括專利權和替代工具在保護智慧財產權上的作用、企業申請專利的動機，以及不同產業和公司規模對專利使用的影響。

（一）美國企業與日本企業的實證結果

關於企業對於專利的實施狀況，Cohen 等人（2002）[3] 做了橫跨美國和日本的實證研究，並於 2002 年在《Research policy》中發表了〈R&D spillovers, patents and the incentives to innovate in Japan and the United States〉一文，該研究是關於企業使用專利實證調查的代表性著作之一。Cohen 等人（2002）挑選資本金超過 10 億日元、有從事研發的製造業企業，這些企業名單是從日本科學技術振興機構收集的 1219 家公司的名單中抽出的，調查收到了 643 家公司的回應；整個研究共有來自美國的 826 條觀察結果和來自日本的 593 條觀察結果進行比較。結果顯示其實日本企業在銷售上的研發相比美國企業花費更多，甚至樣本中日本企業研發力度整體強度還超過美國，主要因為研發密集度最低的領域中，日本企業研發強度較高。

但另一方面，雖然日本的研發支出占 GDP 的比例高於美國，但幾乎在所有行業中，日本企業的內部研發資訊溢出較大，而且日本企業由於創新而引起的尋租效果似乎較低。在 Cohen 等人（2002）的研究說明企業對於專利的偏好在不同行業是不同的，在大多數行業中，企業主要依靠專利以外的機制來保護創新，如營業秘密保護、領先優勢和利用互補性資產；而在某些行業如醫藥產品，專利是非常重要的。Cohen 等人（2002）的研究顯示在美國，只有 15.6% 的受訪者表示他們在對手專案開發階段就知道對手的專案，但日本的受訪者比例為 43.9%，也就是說日本企業比美國同行更了解對手的研發活動；反過來說，美國企業在研發過程中比較重視

---

[3] Cohen, W. M., Goto, A., Nagata, A., Nelson, R. R., & Walsh, J. P. (2002), "R&D spillovers, patents and the incentives to innovate in Japan and the United States", Research policy, 31(8), 1349-1367.

營業秘密。Cohen 等人（2002）調查顯示，流程創新中，美國公司將保密作為最重要的機制；而日本企業認為保密是保護產品創新的最有效機制。

　　日本企業還有一個特點就是高度的技術相互依賴性也可能刺激專利活動，因為日本企業的專利許多為小幅度改進的專利，再進而將小專利形成複雜的技術網路；因此許多公司間可能形成專利訴訟，或必須合作以形成專利布局。專利可提高自己在專利布局談判時的議價能力，以及成為需要保護自己免受訴訟或被阻擋的武器，或者他們想阻止對手將專利用於談判中作為議價籌碼。因此，美國和日本從事複雜產品的製造業公司可能會累積更多的專利，並引發更多相關的訴訟和其他成本。Cohen 等人（2002）研究表明，如此將造成專利數量愈來愈多，資訊擴散也愈來愈有效，也愈來愈不鼓勵訴訟。

（二）關於德國企業的實證結果

　　在 2006 年，Blind 等人（2006）[4] 針對德國企業對於專利的實施狀況做了實證研究，並於 2006 年將結果發表在《Research policy》的〈Motives to patent: Empirical evidence from Germany〉一文中。Blind 等人（2006）整理先前的專利保護機制，分為三大類的十一種不同保護策略，包括：

- 專利策略：包括國內申請和國外申請。
- 其他正式的權利保護：商標保護、新型專利、設計專利、著作權。
- 非正式或契約保護策略：維持人員長期僱用、保密、領先時間、排除性的客戶關係，與供應商契約等。

Blind 等人（2006）也將德國企業的專利保護動機分為：

- 保護動機（Protective Motives）：避免模仿，維護國內、歐洲和國

---

[4] Blind, K., Edler, J., Frietsch, R., & Schmoch, U. (2006), "Motives to patent: Empirical evidence from Germany", Research Policy, 35(5), 655-672.

際市場。

- 阻擋動機（Blocking Motives）：防守和攻擊阻擋競爭對手。
- 聲譽動機（Reputation Motives）：提升技術形象與公司價值。
- 交易動機（Exchange Motives）：改善合作地位，改善資本市場、交易潛力、授權收入。
- 激勵動機（Incentive Motives）：包括員工動機、內部績效指標。

保護動機是傳統維護自身市場的方法，而防禦性和攻擊性的動機是用以阻擋競爭者以維護本身技術發展可能性，形象則和公司價值的增長密切相關。另一方面，交易動機與公司可能的合作夥伴有關，交易可能對象包括合作夥伴、資本投資者、競爭對手和被授權人。而對於內部用途，專利不僅用於以上動機，而且用於判斷研發部門的績效。

Blind 等人（2006）針對德國企業調查後，得到專利和企業的關係如下：

- 當市場競爭的程度愈激烈，爲了保護技術資產免受模仿和保護國內和國際市場份額，而且在技術活動中阻止競爭對手進攻和防禦，則企業申請專利的可能性高。
- 與外界合作的可能性愈大時，爲了提高合作時談判的地位，則企業申請專利的可能性愈大。
- 公司研發人員比例愈高，透過專利保護來保護研發活動成果的重要性愈高；主要在於專利可用做研發績效指標，並可做爲研發人員的激勵措施。
- 從事共同專利活動時的可能性愈高，專利愈重要。因爲要透過專利保護自己的技術基礎，並透過專利保護自己的技術靈活性；擁有專利也擁有良好的技術形象，可吸引具吸引力的合作夥伴；而且專利可改善自己在交叉授權談判的位置。

- 檢索專利資料庫的頻率愈高使用專利的可能性愈高，主因在於：因爲對專利活動的深入了解，有利於企業阻止競爭對手；對競爭對手的專利活動有深入的了解，可提高企業的價值。當企業對談判夥伴的專利活動和整個技術領域的深入了解，可提高企業在合作夥伴、授權談判和資本市場中的地位。而由於對競爭對手的專利活動的深入了解，企業可以將專利用作激勵和績效指標。

- 當商標作爲保護策略的明顯性愈高使用專利的可能性愈高，主因在於：爲了提高公司價值、增加公司的技術形象，以及提高自己公司在合作夥伴與授權談判和資本市場方面的地位。

但 Blind 等人（2006）也提出與專利的策略動機密切相關的因素，特別是像研發強度與專利檢索頻率等因素，是否是企業重視的因素則是無法確認的。

二、由實證結果看企業獲得專利動機

專利制度原本的動機是經濟性的，目的是加強激勵私人研發支出措施，並加快新技術知識的傳播；相對的專利權人在一段時間內可獲得專有使用權作爲回報，因此發明人不得不披露其技術發明的內容。但最近在討論專利的動機時，必須注意的一點是企業的申請專利動機已經擴大了，可以被描述爲策略性而不是狹義上只用於保護特定發明的動機。除了專利保護動機之外，還出現了引發企業申請發明專利的動機。

在對於或得專利的動機實證研究上，有以下幾個結論：

- Blind 等人（2006）引用文獻提出關於法國的研究，企業使用專利的動機依序是阻擋競爭者進入、改善談判立場，另外比例較低的還包括授權收入（28%）、國外市場（25%）和對研究人員的激勵（18%）。德國企業專利申請動機則是：排除他人的開發、防禦性

封鎖、進攻性封鎖、改進談判基礎、激勵員工、提升技術形象和授權收入。

- 根據 Cohen 等人（2002）的調查研究結果顯示，美日企業專利申請專利的首要原因是防止模仿，其次是對於競爭對手的攻擊和防禦；也就是說對競爭者的「防禦性阻擋」（Defensive Blocking）。此外談判地位的改善和專利授權收入也是很重要的專利動機。

- 根據 Blind 等人（2006）的調查研究結果顯示，德國公司在策略上的專利動機也和美國及日本公司愈來愈接近。另外德國公司也以將專利認定為提高其技術形象的工具，但德國公司近來明顯地改變了策略，即在與其他公司談判中逐漸利用少量的專利。

企業在申請專利時還有一個動機是與公司間的企業聯盟有關，Oxley（1999）[5] 在 1999 年中發表的《Institutional environment and the mechanisms of governance: The impact of intellectual property protection on the structure of inter-firm alliances》一文中有所討論。影響企業聯盟形式的很大一部分是與交易的類型和範圍有關，也和環境的制度層面有關，特別是專屬性制度的環境因素。例如美國企業在智慧財產制度較薄弱的國家，會以合資公司的方式而不是契約的方式，取得和合作夥伴更緊密結合和激勵，以及對可能危害更強的監控能力。例如富士全錄公司是日本全錄公司和富士膠片公司長期合作的合資企業，其採用各種不斷發展的機制來防止技術外洩。

5　Oxley, J. E. (1999),"Institutional environment and the mechanisms of governance: the impact of intellectual property protection on the structure of inter-firm alliances", Journal of Economic Behavior & Organization, 38(3), 283-309.

4.3　專利制度對企業的影響

創新是企業持續發展與國家經濟增長的重要動力，但並不是所有的公司在策略上都追求創新，其中很重要的原因是因爲外部因素影響企業的策略和成果。政策和制度環境不僅在推動企業創新方面發揮重要作用，而且對獎勵創新投資中的受益者起著重要作用。當法律和其他機制愈能協助企業從創新和投資中獲利，企業愈有可能創新。因此爲了鼓勵創新研發，國家制定專利保護、鼓勵和獎勵制度以保護、鼓勵和獎勵企業創新，而這些機制對智慧財產權的保護的程度影響企業追求創新和投資。Allred 和 Park（2007）[6]針對國家專利權對企業創新投資的影響進行分析，它們收集並分析在 29 個國家的 10 個製造業競爭的 706 家公司的資料，得到除了企業本身、行業和國家的因素外，專利權和專利權變更對企業投資創新傾向具有積極的影響，特別以科學儀器和化工行業的影響最爲顯著。另外，智慧財產權制度也可以刺激各自經濟體技術創新和傳播，也有助於刺激國內創新和吸引國外技術。

Allred 和 Park（2007）的研究顯示：

- 以研發強度衡量，一個國家的專利權水準與企業投資創新傾向之間存在著積極的關係。
- 國家專利權水準的提高與企業投資創新傾向間存在正相關關係。

各國之間專利制度的差異和各國間的法律制度、經濟結構和文化傳統有關。例如中國傳統文化較少有著作權的概念，也較沒有創新的概念，例如孔子說過：「述而不作，信而好古」，也就是對古人的思想闡述而不創

---

[6] Allred, B. B., & Park, W. G. (2007), "The influence of patent protection on firm innovation investment in manufacturing industries", Journal of International Management, 13(2), 91-109.

作，並相信喜愛古代文化。如此的概念影響了中國人沒有把創新發明當作主流價值，反觀美國立國之初就在憲法裡列入鼓勵創新的條文，如美國憲法第一條第八款規定，國會有權爲了促進科學和實用技藝進步，對於作家和發明家的創作和發明，在一定期限內給予專屬權利的保護。

日本是一個重視專利的創新大國，因此我們可以討論日本的專利政策對創新產生的影響，並觀察日本的專利制度對創新的影響。早期日本在研發上先採取「追隨策略」，也就是追隨全世界最先進的技術加以改進。自二次世界大戰後由政府策略性引進並推廣技術，並集中資源在日本具優勢的技術項目進行研究發展，希望能在重點產業上追趕並超越原來的技術領先國家。Cohen 等人（2002）提出觀察美國與日本的研發溢出效應和專屬性制度的異同點，日本和美國的侵權訴訟、貿易糾紛和兩國工業和企業之間的競爭成爲其專利法改進的刺激元素。因爲專利可以對資訊傳播和研發成果外溢具有重的影響，也可能反過來提升創新的效率。Cohen 等人（2002）說明日本的專利是「一個複雜的政策選擇網，或多或少有意識地結構化地影響研發擴散，同時保持對研發投入的激勵。」Cohen 等人（2002）認爲日本專利制度在創造排他性權利以擴大技術擴散目的下，附帶給了創新者短期利益。擴大技術擴散的目的體現在日本專利制度強調專利的披露功能，而且由於日本專利申請中早期僅有 17～30% 獲得核准，因此日本專利申請的功能似乎是揭露相關技術，而較少被認爲是智慧財產權的保護。

此外，早期日本還有專利公告前異議的制度，特許廳通知專利核准 3 個月後，競爭對手或任何人可能會對專利的有效性提出異議，而審查員依賴此證據作出最終決定。對於專利的範圍，Cohen 等人（2002）引述一位前日本專利審查官的說法，在審查期間通常會對申請人要求縮小申請案的專利保護範圍，而不是像美國廣泛地解釋這些要求。整體來說，以往日本

專利制度的特色是盡早在公共領域揭露更多的資訊，導致在創新過程中要盡快申請專利；而異議的機會能使廠商提前在對手申請階段就加強對競爭對手專利的監督。而這樣的專利政策以往用來技術性延長外國專利獲得的時間，爭取保護日本企業的空間；而技術知識的擴散讓日本成為技術創新大國，但不像美國一樣容易出現突破性且具決定性影響力的專利，而是形成「專利網」包圍的策略，也就是以多個專利保護重點技術。

Allred 和 Park（2007）[7] 以企業級資料研究研發與專利保護之間關係，得到與先前研究一致的結果：研發與專利實力之間呈線性關係，但在已開發國家效果的曲線卻是倒 U 形的，也就是專利強度到達一定程度時，研發反而受到影響。因為專利保護較弱的新興國家，不像專利制度發達國家在加強專利權保護時會大大刺激創新。主要原因在於發展中國家創新所需的互補性資源較為不足，在法律環境的變化時創新活動不易作出反應，因此研發活動受到影響。而高強度的全球專利保護標準，也可能不利於主要依賴漸進式創新和模仿研究的發展中國家創新體系。另一方面企業愈來愈在營運和技術上依賴海外子公司，所以跨國公司的創新活動位置也有所不同。

例 4-1　專利制度對企業的影響：美國 Hatch-Waxman 法案中的學名藥上市專利連結制度 ✒

在美國的新藥上市審查中，有一個將藥品上市許可和專利審查制度連結起來的制度，稱為「專利連結」（Patent Linkage）。圖 4-1 表示美國學名藥上市的途徑，其中的 Paragraph 4（第四類）是專利連結制度

---

[7] Allred, B. B., & Park, W. G., (2007),"Patent rights and innovative activity: evidence from national and firm-level data", Journal of International Business Studies, 38(6), 878-900.

中最關鍵的部分。在 Paragraph 4 中，美國藥物食品檢驗局（U.S. Food and Drug Administration, FDA）可能在原專利藥專利到期日前就允許學名藥上市。因為第一個上市的學名藥價有較原廠藥便宜的優勢，可以在短時間內占有極高比例的市場，因此吸引了許多大型學名藥廠投入 Paragraph 4 的申請。

Paragraph 4 流程主要在於學名藥廠向 FDA 提出藥證申請，此時申請人通知專利藥廠此申請案，原廠要在收到通知後 45 天內決定是否提出侵權訴訟；訴訟期間 FDA 將暫停此藥證審件靜待專利判決，但最長停止審查的時間不得超過 30 個月。如果 Paragraph 4 成功，第一家申請 Paragraph4 簡易上市的廠商就具有第一申請（Tirst-to-File，FTF）的資格，而且申請上市取得成功後就有 180 天的「獨家銷售權」。在這 180 天當中，原廠專利藥物仍會繼續銷售，但具有第一申請資格 FTF 資格的學名藥會成為市場中唯一的學名藥品。

學名藥上市專利連結制度是由 Hatch-Waxman 法案所規定的制度，Hatch-Waxman 法案全名為「藥品價格競爭與專利期補償法」（Drug Price Competition and Patent Term Restoration Act），其主要功能在於促進醫藥產業的發展，鼓勵學名藥廠投入市場以改善高昂的專利藥價格。H-W 法案規定專利藥最多可再延長 5 年的專利保護期間，以補償審核上市時所耗費掉的專利期間。若是專利藥廠懷疑學名藥廠侵權並提出訴訟，專利藥的專利期限將自動延長 30 個月。另一方面，H-W 法案簡化學名藥廠申請上市程序，學名藥廠只要證明學名藥與原廠藥品具有相同功能、相同成分，且透過「生物可利用性」與「生物相等性」的試驗即可上市。但專利藥廠在向 FDA 申請新藥查驗登記（New Drug Application, NDA）時，必須向 FDA 提出與申請上市有關的專利資訊，FDA 會將此登載於一般慣稱的「橘皮書」（Orange Book）中，學名藥

廠對橘皮書中專利藥所登錄的專利，提出 Paragraph 1-4 四種證明之一，即可在不會有專利侵權的顧慮下經由「簡易新藥申請」（Abbreviated New Drug Application, ANDA）取得上市許可。

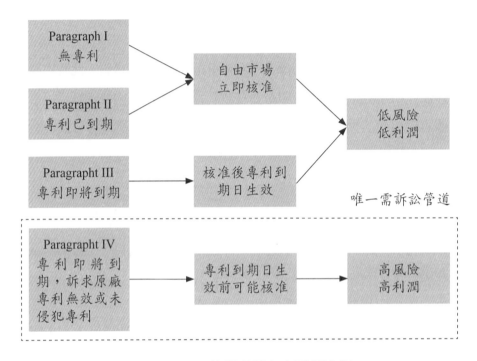

圖 4-1　FDA 的學名藥上市可行途徑

1984 年美國雷根總統簽署了 H-W 法案並引進專利連結制度，一般認為此法案為學名藥廠商進入市場打開了更多的機會之窗。特別在相關的制度之下，專利藥商和學名藥商的收益是可以預期的。1986 年，Henry 和 Vernon[8] 在《The American Economic Review》（美國經濟評論）發表了〈Longer patents for lower imitation barriers: The 1984 Drug Act〉一文，

---

[8]　Grabowski, H., & Vernon, J. (1986), "Longer patents for lower imitation barriers: The 1984 Drug Act", The American Economic Review, 76(2), 195-198.

探討了 1984 年 H-W 法案對普遍藥物預期收益，結果如圖 4-1 所示：對於專利藥廠而言，在保護期中其收益是正的，但當 H-W 法案透過學名藥廠進入市場後，其收益會下降並轉為學名藥廠的收益。因此法案必須做出相應的補償：延長專利藥廠的保護期，甚至將保護期延長的發動權交給了專利藥廠，也就是藉由訴訟獲得 30 個月 FDA 停止對學名藥審查的緩衝期。

而為了拖延學名藥品上市繼續獨占市場，專利藥廠用以下對策，設法拖延學名藥品上市時間，包括：

- **申請多重專利**

  專利藥廠利用 H-W 法案的灰色地帶，在橘皮書中多次登入新的專利（非核心專利），盡可能的延長此藥品的專利期保護時間。2002 年 10 月，美國頒布了新法案，規定每一種藥最多只能延長一次 30 個月的專利保護期限。

- **逆向補償和解**（**Reverse Payment**、**Pay-for-Delay**）

  我們以一個例子說明什麼是逆向補償和解：2003 年 Solvay 藥廠獲得了 AndroGel 的藥品專利，專利期限至 2020 年 8 月。後來 Actavis、Paddock 兩家學名藥廠向美國食品藥物管理局循 Paragraph 4 申請此成分學名藥的上市許可。Solvay 立即對這兩家學名藥廠發動侵權訴訟。經過了三年的訴訟，三方在 2006 年達成了和解，Solvay 同意在未來的九年內，每年要支付這兩家學名藥廠 1,900 萬至 3,000 萬美金，以換取學名藥廠同意在 2015 年以前不會上市學名藥並且還會幫助 Solvay 促銷 AndroGel。

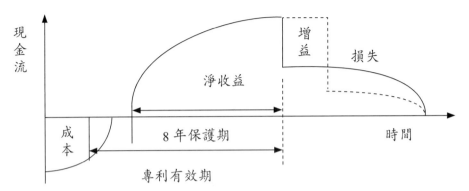

圖 4-2　1984 年 H-W 法案對普遍藥物預期收益的影響（Henry and Vernon, 1986）

例 4-2　專利對企業的激勵機制：以國防專利為例 ✎────

國防專利的出現最早可以推至 19 世紀中葉英國針對滑膛砲專利而制定的「軍火發明專利法案」，該法案為一針對國防武器的專利保密規定；其中規定需要保密的專利申請案可由國家軍事部門扣留而不公開。而後其他各國也陸續提出了各種關於專利保密的制度，包括法國、德國、中國大陸等。國防專利與一般專利最大的不同在於兩個方面：一是產權的歸屬，另一個則是保密要求。近年來政府鼓勵民間企業投入國防科技的研發，並透過合約使發明人（企業）可以獲得合理的報酬以提升其對於國防科技研發的意願。並使得發明人在專利技術轉移的過程中能夠較無保留的將技術內容（包括明示的和隱含的）轉移給被授權人。

黃和林（2013）[9] 以經濟學中的機制設計理論（Mechanism Design Theory）發展了一個激勵機制（Motivate Mechanism）模型，以解決

---

[9] 黃孝怡，林建甫（2013），「國防專利制度中的激勵機制設計」，機械技師學刊，6(1), 1-6。

發明人投入意願不高的問題。因此必須以發明人對專利授權的角度出發，探討國防專利授權與轉移過程中授權的限制與條件，並據此發展能夠激勵發明人投入國防科技研發的可能機制。因為國防專利而言與一般專利的不同在於，通常被授權方為政府或軍方，也就是買方唯一的市場；而且買方對於產品有差異性的特殊要求。此外，買方通常要承擔政策不確定的風險，並將此風險轉移分擔到賣方身上。雖然有以上種種不利的條件，但國防專利的旁大商機和利潤還是可能吸引相關企業與研發者投入。如果有合理的機制突破資訊不對稱的問題，使專利授權人能夠甄選對其有利的授權模式，就可以提高企業投入國防專利研發並授權的動機。

第五章　企業基本理論

　　在介紹完專利的概念及基本理論後，本章將介紹企業理論。首先將說明企業研究的不同面向，包括企業的生產功能觀點、治理結構或組織架構觀點、資源觀點；然後介紹主要企業理論，包括新古典企業理論、當事人─代理人理論、交易成本理論、企業契約理論、企業成長與演化理論、企業能力理論，這些理論反映了不同企業研究觀點。綜合以上討論，本章的內容包括：

- **企業研究的不同觀點**：企業的生產功能觀點、企業的治理結構或組織架構觀點、企業資源觀點。
- **主要企業理論**：新古典企業理論、當事人─代理人理論、交易成本理論、企業契約理論、企業成長與演化理論、企業能力理論。
- **企業理論與企業專利。**

5.1　企業研究的不同觀點

一、企業的生產功能（Production Performance）觀點

　　關於企業研究，首先出現的觀點是企業的功能是做為市場上的生產單位，Adam Swith 提出社會分工和專業化會為社會帶來好處，而企業存在目的在協調和激勵專業人士的經濟活動，因此企業要提高生產效率。研究者關心的是在市場中對企業投入的生產要素和其產出之間的關係，此觀點將公司視為一個單一的決策者加以處理，對於企業本身的結構和內部組織問題則視為一個整體，因此有人稱這樣的觀點是將企業視為一個不透明的「黑箱」（Black Box）結構。

二、企業的治理結構或組織架構觀點

在企業的治理結構（Government Structure）或組織結構（Organization Construction）觀點中，企業不是黑盒子，而是可以做為治理結構或組織架構。制度經濟學家認為因為所有複雜的合約都不完備，在複雜度增加時，或者當資產差異化增加時，會增加交易的成本；如果將這些交易在企業內進行，將是有意義的。當把企業做為治理結構時，不像企業的生產功能觀點中強調企業家的管理角色，而是在專業經理人管理控制公司的動機，經由企業內的權力機制，組織為協調組織群體中成員個人的活動提供了一種工具。

而在治理結構或組織結構觀點中通常會討論關於「企業如何運作？」的問題，通常一個公司會為其成員制定處理事務和知識的規則和程序，這些程序被稱為「例規」（Routines），學者認為企業的行為可以用它們所採用的例規來解釋。例規也可以定義為協調組織學習和生產過程的穩定程序序列，企業中的成員能共享這些規則和代碼，使企業內的做法有可預測性和一致性，並降低不確定性。同時企業組織能力也是很重要的，企業組織能力和企業競爭優勢有關，企業組織能力取決於企業如何獲取和整合員工的專業知識。團隊知識包括語言的形式、共享的意義或是相互理解對方知識領域的水準。除了深化專業技能的訓練，企業應該將員工短期輪調，並強化跨工作崗位的知識以增強組織能力。而企業的競爭優勢是否能持續來自企業能力的不可模仿性。

三、企業的人格化觀點

企業的人格化（Personification of the Firm）和企業在法律上的地位相關，因為企業會牽涉到「企業如何存在？」「公司是否應該人格化？」「誰該被視為公司？」等法律上的問題。企業人格化包括公司存在與否、

公司擁有者─經理人─企業家之間相互關係的問題、法人實體（Legal Entity），以及當事人─代理人（Principal–Agent）模型等課題。企業也可以被視為一個團隊而人格化，雖然成員會從本身利益出發，但會意識到他們的命運一定程度上被團隊在與其他團隊的競爭中是否生存而決定。

四、企業的資源觀點

企業的資源觀點試圖解釋和預測為什麼一些企業能夠建立可持續競爭優勢並在此取得較高的回報，因為基於資源的觀點認為公司具有獨特的特殊資源和能力，而其中管理的主要任務是透過部署現有資源和能力來發揮最大價值，並同時發展公司的資源基礎。

Grant（1996）[1] 在 1996 年發表的〈Toward a knowledge-based theory of the firm〉一文中討論以知識為基礎的企業理論。提出了企業內部資源的重要性，包括：

（一）資源轉移性（Transferability）

一般而言，企業資源與能力被視為與企業維繫競爭優勢有關，Grant（1996）提出企業的資源和能力的轉移性是企業永續競爭優勢能力的關鍵決定因素，在後面的章節我們將更進一步說明企業資源基礎與企業競爭優勢的概念。而企業知識轉移性的效率由知識的聚合能力相關，以下進一步說明知識聚合能力。

（二）知識聚合能力（Capacity for Aggregation）

知識轉移涉及知識傳輸介質和知識接收者，以及接收者的吸收能力（Absorptive Capacity）對知識轉移十分重要。在個人和組織層次，知識

---

[1] Grant, R. M. (1996), "Toward a knowledge-based theory of the firm", Strategic management journal, 17(S2), 109-122.

吸收取決於接收者在現有知識基礎上添加新知識的能力，而這不僅是不同的知識元素之間的疊加。當知識可以用共同語言表達時，知識聚合的效率會大大提高。所謂共同語言可能指技術上的專業術語或前面所提到的公司內部例規（Routines）。

（三）專屬性（Appropriabiiity）

這裡所說的專屬性和第二章所述的專屬性相同，指資源所有者接收與建立該資源的價值相等的回報能力。

5.2　主要企業理論

Grant（1996）[2] 認為企業理論是用來解釋和預測其從事商業活動的企業，其結構和行為的的概念化模型。事實上沒有單一的、多用途的企業理論，每種理論在解決特定的特徵和行為。因此，有許多企業理論在解釋不同現象，甚至有些理論還提出相同現象的對立解釋。

一、新古典企業理論

新古典企業理論（Neoclassical Firm Theory）是第一個完整的企業理論，其基礎是建立在以技術角度看企業。新古典企業理論將企業視為具有生產單一產品功能，但將企業簡單地視作一個生產函數。當在投入既定的生產要素後就會產生產出。而企業是由一個無私的經理人管理，經理人決策的依據是將利潤最大化，也就是成本最小化。以從圖 5-1 中可以看到，平均成本曲線 AVC 和邊際成本曲線 MC 都是 U 型的，代表因為有固定成本存在，所以不論當技術如何提升，變動成本下降也造成邊際成本下降，但到了某一點後要再降低成本以及擴展企業是不可能的；所以新古

---

[2] 同註 1。

典企業理論以規模收益做為企業規模大小的決定因素。而企業被視為一個將生產要素投入然後轉化成一定產出以追求利潤最大化的生產機構，企業的成長取決於技術、成本結構和市場條件等外生變數，然後在市場價格（邊際成本等於邊際收益）時達到經濟學上的帕累托最適效果（Pareto Optimality）。

　　新古典企業理論的理論基礎是新古典經濟學，新古典經濟學嚴格假設市場是完全競爭的，而企業都是價格接受者，且在長期均衡中，市場是出清和充分有效率的。企業是完全理性的因此可假設成為一個「黑箱」。因此古典企業理論忽視企業內部組織結構、激勵，以及無法了解企業的經營能力。

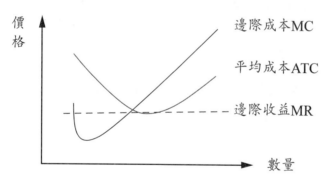

圖 5-1　邊際成本、平均成本與邊際收益關係圖

二、當事人─代理人理論

　　當事人─代理人理論理解不同經濟行為者之間的利益衝突，並經由納入可觀察性問題和資訊不對稱來形成這些衝突。Hart（1989）[3] 在 1989 年

---

[3]　Hart, O. (1989), "An Economist's Perspective on the Theory of the Firm", Columbia Law Review, 89(7), 1757-1774.

的〈An Economist's perspective on the theory of the firm〉一文中引用了當事人—代理人理論（Principle-Agent Theory）來說明企業的運作。該理論同樣的將公司視為生產集團，但做決策的是專業經理人，處理公司日常業務的是專業經理人，而不是公司所有者（企業主）；而企業主可視為當事人，專業經理人可視為代理人。專業經理人除改善企業以外還有其他目標，如個人福利津貼、高品質的生活等。在此情況下，當事人—代理人理論認為，企業主不可能直接透過與經理人的契約來實施自己的利潤最大化，因為即使在最佳的激勵計畫下，經理人也會以犧牲企業主為目標來實現自己追求的目標；因此企業主會嘗試將經理人的目標與自己的目標保持一致，讓管理者進行激勵計畫。當事人—代理人理論解決了新古典企業理論主義的一些如內部組織及激勵問題，但未能回答如何定義企業以及企業邊界所在的問題。

　　Hart（1989）並以美國 Fisher 車體公司和通用汽車的例子說明當事人—代理人理論，Fisher 多年來一直為通用汽車提供車身，當事人—代理人理論解釋為什麼通用汽車和 Fisher 間的利潤分享協議是有道理的，協議中 Fisher 車體的獎勵是來自通用汽車銷售的利潤，因此這將鼓勵 Fisher 提供高品質的投入。然而，這個理論並沒有告訴我們，是否透過將 Fisher 和通用汽車合併成一家公司，讓通用汽車對 Fisher 有管理權；或通用汽車和 Fisher 應該保持為單獨的公司；或者通用汽車和 Fisher 是否應該合併，讓 Fisher 管理層對通用管理層有管理權力等以上情境，來實現利潤分享協議是否是重要的。換句話說，當事人—代理人理論告訴我們關於最佳的激勵計畫，但不是關於組織形式的內容，因此委託代理理論對企業的本質和程度沒有關聯。

三、交易成本理論

前述的當事人—代理人理論並沒有解決交易契約本身需要成本的問題，而被認為是新制度學派鼻祖的 Ronald H. Coase（科斯）在 1937 年發表的〈The nature of the firm〉（企業的本質）[4] 一文中提出企業和交易成本（Transaction Cost）的關係。所謂交易成本就是用「以市場交換手段進行交易的費用」，包括提供價格的費用、討價還價的費用、訂立和執行契約的費用等。當市場交易成本高於企業內部的管理成本時，企業便產生了。企業的存在是為了以費用較低的企業內交易代替費用較高的市場交易；當市場交易的邊際成本等於企業內部管理的邊際成本時，就是企業規模擴張的界限；而企業成長的動力就在於節約市場交易費用。Coase 在〈The nature of the firm〉一文中說：

建立企業有利可圖的主要原因似乎是，因為利用（市場）價格機制是有成本的，透過價格機制來組織生產時最明顯的成本就是其相應價格的揭露。可以藉由出賣此類資訊的專門人員的出現來降低這種成本。然而有可能減少，但不可能消除這種成本。市場上發生的每一筆交易的談判和簽約的費用也必須考慮在內。而且在確定市場（如生產交易）中可以設計出一種技術使契約的成本最小化，但不可能消除這種成本。確實，當存在企業時，契約不會被取消，但卻大大減少了。某一生產要素（或它的所有者）不必與企業內部與其合作的一些生產要素簽訂一系列的契約。

Coase 打開了古典企業理論中的企業黑箱，也被認為是現代契約

---

[4]　Coase, R. H. (1937), "The nature of the firm", Economica, 4(16), 386-405.

論的一種理論[5]。Coase 之後的學者持續完善交易成本理論，例如 Oliver Williamson（威廉森）提出交易成本包括管理關係的直接成本和作次級治理決策的可能機會成本，其邏輯為市場與企業是完成交易的機制，選擇哪一種治理模式視交易特性和模式效率而定。若這些成本高於市場生產成本利益，企業將偏好內部組織的交易。企業存在的理由為因應市場失靈，市場失靈是由交易特性（不確定性、資產專屬性、交易頻率）與行為假設（有限理性、投機主義、風險中立）所造成，而在此基礎上可以確定企業邊界的原則。

四、企業契約理論

關於企業理論中還有一個重要的議題是「契約」，有些學者認為企圖區分公司內部的交易和公司之間的交易是沒有意義的，兩種類型的交易都是契約關係類型的一部分，也就是說各種類型的商業組織都是一個「標準形式的契約」。一個「標準形式」契約是一個公共公司，可能是有限責任、無限生命和可自由轉讓股份的。因為公司不是一個人，公司的行為就像一個市場的行為，因此將公司視為契約關係有助於提醒企業注意與員工、供應商、客戶、債權人和其他人的契約關係。

Grossman 和 Hart（1986）[6] 於 1986 年提出的〈The costs and benefits of ownership: A theory of vertical and lateral integration〉一文中基於 Coase 以及 Williamson 提出的理論基礎，更強調了「控制」在擬定或執行完整契約時可得到的收益。Grossman 和 Hart（1986）將公司定義為由其擁有的

---

[5] 許惠珠，（2003），「交易成本理論之回顧與前瞻」，Journal of China Institute of Technology, 28, 79-98.

[6] Grossman, S. J., & Hart, O. D. (1986), "The costs and benefits of ownership: A theory of vertical and lateral integration", Journal of political economy, 94(4), 691-719.

資產例如機器，庫存等組成；並強調契約權利可以有兩種類型：具體權利
（Specific Rights）和剩餘權利（Residual Rights）。如果一方覺得長期對
另一方資產的特定權利的使用代價太高，則該方可能最適合購買除合約中
特別提及的所有權利，所有權則是購買這些剩餘的控制權。Grossman 和
Hart（1986）表明，殘餘權利分配錯誤可能會產生有害影響。如一家企業
購買其供應商時，將剩餘權利的控制權從供應商的經理人手中移出，則可
能會扭曲對經理人的激勵，而損害了共同所有權；因此當事人可透過擬訂
契約分配自己的剩餘權利控制權，這就是一種對於企業契約本質的看法。

五、企業成長與演化理論

　　前述的幾個企業理論中比較偏向企業的本質、企業的組織、企業的
法律關係等。對於企業的成長及演變並不是關心的重點。1959 年美國管
理學者 Edith Penrose 出版了《The theory of the growth of the firm》（企業
成長理論）一書，從 Schumpeter 的觀點出發，透過企業內部活動來分析
企業行爲，也影響了後來「資源基礎理論」與「企業核心理論」的發展。
Penrose 把企業定義爲「被行政管理框架協調並限定邊界的資源集合」，
企業擁有的資源是決定企業能力的基礎，資源可推動知識的增長，而知識
的增長會導致管理能力的增長，因此推動企業成長。Penrose 建構了從「企
業資源」到「企業能力」再到「企業成長」的分析途徑，揭示了企業成長
的內部動力來源。透過這樣的分析來解答在企業內中存在的促進企業增長
的力量。Penrose 也認爲管理團隊是企業最有價值的資源之一，並會決定
企業的管理能力；而企業內部總存在著未利用資源，可以透過創新這樣的
企業內生過程，創造企業的能力。

　　Richard Nelson 和 Sidney Winter 在 1982 年提出的《An evolution theory
of economic change》（經濟變遷中的演化理論）中提出動態演化的企業和

作爲自然選擇的市場機制，是影響經濟變遷的兩個關鍵機制。他們提出企業的基本特徵是具有一系列的「例規」（Routines），例規是組織的技能的集合，也是企業在營運過程豬中逐漸形成的行爲方式、規則、程序、策略和技術等。例規的提出對於了解企業的行爲有很大的幫助。

六、企業能力理論

　　從 Penrose 之後，企業理論有了不同的變化，George B .Richardson 提出了「企業能耐」（Capabilities）的概念，認爲能耐是企業的知識，經驗和技能，企業傾向於從事其能力可以帶來相對優勢的行動。隨後又有「核心能力」、「動態能耐」等看法的提出。N. Teles 在其〈In search of an evolutionary theory of the firm〉[7] 一文中討論了相關的概念，Teles 認爲 Edith Penrose 的作品是公司的基於能力的觀點的起源，其拒絕了利潤最大化和均衡假設，且這一理論將企業的具體知識能力作爲企業存在的主要原因。隨後的企業理論能力觀點區分爲「資源基礎」策略管理和「知識基礎」策略管理。Teles 認爲 Nelson 和 Winter 的工作也推展了企業的能力觀。另外，對核心能力的理解、對高度互補的異質例規和社群至關重要，企業應該將精力集中在核心競爭力與高度互補的例規中，因爲這些具有顯著的優勢。而企業能力觀點主要包括兩大方向：

· 資源基礎學派

　　資源基礎學派認爲，企業內部依賴於企業異質的、難以模仿的、高價值的專有資源，利用這些專有的優勢資源，確認在何種市場上可使這些資源獲得最優效益，這樣可以是企業獲利的競爭優勢。

---

[7]　Teles, N.,"In search of an evolutionary theory of the firm"

・能力學派

　　能力學派認爲能力是企業擁有的關鍵技能和隱性知識等智力資本，企業是一個能力體系或能力的集合。能力決定了企業的規模和邊界，市場競爭是基於核心能力的競爭。

5.3　企業理論與企業專利

　　由前述說明可以得到企業研究的脈絡是由市場、組織、契約等，向企業的成長與演化轉向。其中影響企業成長與演化最重要的，就是企業的能力。而能力包括企業的資源、例規、文化以及行動累積的經驗。而要將資源轉成能力，創新和激勵是重要的因素。而對於專利而言，通常對企業至少有兩個意義：

1. 做爲企業的資源。
2. 是企業創新的成果。

　　稍後的內容我們將更進一步說明專利對企業的意義和功能不只於此，事實上當企業把專利行爲作爲一種策略行爲時，專利對企業的資源、核心能力等都有更多廣泛的影響。不過我們要先說明的是，本書所指的專利不僅僅是法律保障的專利權利，而是包括企業整體對於專利的策略、相關活動以及運用等。

第六章　企業經營策略簡介

　　本章將簡述企業經營策略，首先將說明企業策略的產生以及內涵，並介紹了 Ansoff 對企業策略的概念；以及企業策略的層級、類型、理論學派等。由於企業策略包羅萬象，但本章聚焦在企業的經營策略。最後，本章會簡述企業經營策略與企業專利的關係。綜合以上討論，本章的內容包括：

- **企業策略的發展**：企業策略的內涵、Ansoff 對企業策略管理的貢獻。
- **企業策略基本概念**：企業策略的層級、企業策略的類型、企業策略理論學派──Mintzberg 的分類。
- **從企業策略到企業經營策略**：企業總體策略、企業經營策略。
- **企業經營策略與企業專利**：資源理論與企業專利、能力理論與企業專利。

6.1　企業策略的發展

一、企業策略的內涵

　　「策略」（Strategy）的來源是希臘字 Strategos，原來的意義是指軍事上的戰略，即根據敵人採取的行動所作的因應，將己方所擁有的戰爭工具和資源，如：部隊、飛機、船艦等做相關的處置；其中必須考慮包括時間、地點的條件，並將其資源的力量施加在敵人身上。在戰爭或軍事學中，策略往往被視為藝術（Art）而不是科學。另外戰略在定義上可能不完全是明確清晰的，而且是有高度不確定性的；因此而當策略被用於管理界時，從名詞定義、概念、範疇和與軍事用語的區別等，都可能產生相當

程度的混淆。比較明確的是，管理策略主要應該包含目標設定（Objective Setting）的行動策略，與排除目標設定（Objective Setting）的行動策略兩大類；我們可以以一個最簡單的商業行為來說明商業策略的本質[1]：

假設某家公司決定要增加銷售增長率35%，並希望透過收購其他公司來實現，而不是引進新產品來達成此一目標。因此我們可以說「收購」就是公司選擇的一種策略。為了實現此策略，公司必須先決定想要收購的公司的規模、條件和特性；如果公司決定收購的是已經在市場上有產品市占率的公司，而這裏的併購目標就可說是公司成長策略中的「設定目標」。

為了進一步釐清管理界中「策略」的意涵，回顧管理學者們對於「策略」的看法可能是有幫助的[2]。例如 Alfred D. Chandler（錢德勒）從企業史的角度，分析了美國 70 家製造業企業組織變化的歷史，特別關注環境、策略和組織結構間的相互關係。Chandler 認為策略是對企業基本的長期精神和目標、採取行動方案和分配實施這些目標所需資源的決定。Chandler 強調了「基本長期精神和目標」、「實現這些目標的行動方針」、以及「採取行動方針所需的資源分配」等決策的重要性。另一名哈佛大學著名管理學者 Kenneth Andrews（安德魯）是以案例研究商業政策與傳播的發展，他在 1965 提出策略是：「目標、目的、意圖的形式以及實現這些目標的主要政策和計畫，以便確定公司的業務或是將要做什麼業務，以及公司的類型或將要成為的類型」。此定義參考了描述公司目前及未來定位、

---

[1] Rai Technology University, "Strategic_Management", http://164.100.133.129:81/eCONTENT/Uploads/Strategic_Management.pdf，最後瀏覽日期：2017/08/21。

[2] 同註 1。

以及公司未來目標和方向的商業語言。

　　談到企業策略和策略管理，最重要的先驅人物之一是 Igor Ansoff（安索夫），他於 1965 年在其《企業策略》（Corporate strategy）一書中提到策略的概念是：「組織行動和產品市場之間的共同點，即定義了企業未來計畫的商業基本性質」。另一位以策略管理著名的學者 Henry Mintzbeg（明茲伯格）在上世紀 1980 年代提出策略並不總是理性規劃的結果，而是可能從組織在沒有任何正式的計畫下出現；他定義策略定義為「決策和行動流程中的模式」。Mintzbeg 區分了管理者制定計畫下產生的預期策略（Intended Strategies），以及一段時間內實際發生行動的緊急策略（Emergent Strategies）；也就是說組織在一開始的規劃策略和最後實施的行動策略可能是不同的。以競爭策略和產業分析著名的學者 Michael E Porter（麥可波特），在 1990 年代說明他的策略觀：「發展和傳達企業獨特的定位，以權衡並在行動間打造企業的適應性」。

　　從以上幾位學者對策略的看法，我們得到一些「策略」的相關要素，包括：目標、資源、政策、計畫、行動、公司類型與定位，以及適應性。亦即對公司的策略而言，策略的主要精神在確定目標的情況下，經過有計畫的行動和政策，合理的分配資源，以達成設定的目標；而這些目標可能涉及到公司的定位、未來發展方向以及對環境的適應性與調適能力。根據以上學者的啓發，Ansoff 及其後繼的策略學者們也紛紛提出相關的策略定義，以下節錄一些較具代表性的看法：

　　Igor Ansoff[3] 提出研究企業的「策略管理」就是針對與所處環境進行產品與服務交換的複雜組織，研究它們適應動盪環境的過程，並要回答以下問題：

---

[3]　安索夫·H. Igor 著、邵沖譯（2010），「戰略管理」，北京：機械工業出版社。

- 在動盪環境中有哪些組織行為模式？
- 哪些因素決定了行為差異？
- 哪些因素決定了成功或失敗？
- 哪些模式決定行為模式的選擇？
- 組織從一個模式轉到另一個模式的轉變過程為何？

湯明哲（2001）[4] 認為策略應有以下特質：

- 企業應該做對的事情，而不是僅將事情做對。企業應注重的是效能（Effectiveness）而不只是效率（Efficiency）。
- 策略是長期承諾，主要原因在於策略形成之後通常必須牽涉到不可逆轉的投資（Irreversible Investment），例如：機器設備，產品定位、品牌等。因此策略制定要擬定長期發展方向。
- 策略要知所取捨（Strategy is about hard choices），任何企業的資源都有限，在眾多選擇中，企業必須依賴資源發展少數的競爭優勢，沒有策略公司就不知如何集中資源發展競爭優勢。

吳思華（2003）[5] 認為思考企業未來發展方向、勾勒企業發展藍圖、採取適當的經營作為，這些決策統稱為「經營策略」。他並進一步對策略做了以下的定義：

- 從資源投入觀點看，策略具有形成指導內部重大資源分配的功能。
- 從經營活動觀點看，任何一個企業的經營構想，均需要透過企業內部的系列活動才能具體實現。
- 從競爭優勢觀點看，策略作為的目的在建立並維持企業不敗的競爭優勢。

---

[4] 湯明哲（2003），「策略精論：基礎篇」，台北：天下文化。

[5] 吳思華（2001），「策略九說：策略思考的本質」，台北：臉譜。

- 從生存利基觀點看，企業處在競爭環境中，必須要衡量外在環境與本身的條件，尋找到一個適當的利基作爲生存的憑藉。

二、Ansoff 對企業策略管理的貢獻

對於企業策略理論的發展，不能不提到 Igor Ansoff（安索夫），他在 1965 年出版《Corporate strategy》（企業策略）一書，探討了企業策略的概念；在 1972 年 Ansoff 又提出了「策略管理」（Strategy Management）的概念，也開啓了現代企業策略理論研究的先河。Ansoff 認爲企業策略管理是指將企業日常事務決策和長期計畫決策相結合在一起，進而形成的經營管理業務。Ansoff 認爲策略建構應該是一個在控制下、有意識的正式計畫過程；企業高層管理者負責計畫的整個過程，而具體制定和實施計畫的人員對高層管理者負責。透過目標、項目、預算來實施所制訂的策略計畫。在公司策略的概念建立以前，企業通常對於很少指導公司未來該如何規劃或該如何作出決策；傳統的規劃方法是使用年度預算來預測並規劃未來幾年的變化，而較缺乏對策略問題的關注。

但隨著商業環境愈來愈複雜，商業的競爭愈來愈激烈，企業對於併購、合併和多角化等組織改變的策略性需求愈來愈大，因此對策略問題愈來愈重視。Ansoff 認爲在制定策略時，有必要系統預測未來環境對組織的挑戰，並制定面對這些挑戰的適當策略計畫。Ansoff 確立與策略、政策、計畫和標準作業程序相關的四種標準類型的組織決策，他也認爲政策、計畫和標準作業程序是在解決重複出現的問題。Ansoff 認爲在公司的行動中應該有核心能力（Core Compentence）的要素，這個觀點也成爲核心能力學派的濫觴。另外，Ansoff 也提出識別連結公司過去和未來四個關鍵策略要素是：

- 產品市場範圍（Product-Market Scope）：公司業務或產品的明確想

法。

- 增長向量（Growth Vector）：一種探索如何增長的方法，其後發展成為著名的 Ansoff 矩陣。
- 競爭優勢（Competitive Advantage）：組織擁有這些優勢將使其能夠有效地進行競爭。
- 協同效應（Synergy）：整體是否大於零部件的總和，並且需要檢查機會如何適應組織的核心能力。

6.2　企業策略基本概念

一、企業策略的層級

策略因為使用的主體不同、目的和對象不同，而會有不同的目標、規劃和思維邏輯。通常來說，企業策略應該配合企業的組織結構、目標市場等分為以下三個策略層級：

（一）企業層級策略（Corporate Strategy）

企業層級策略主要關注的是公司整體發展方向與市場定位，以及公司獲利及持續發展的課題：包括應該選擇進入哪些事業領域以達成組織長期獲利力的極大化？應以何種方式進入預定的事業領域？以及如何獲得有利的市場位置？常見的例子如當企業經營範疇多於一個產品或市場，以及即將進入新領域所須考量的策略，常見的策略包括企業的垂直整合（Vertical Integration）、多角化經營（Diversification）、策略聯盟（Strategic Alliance）、集中（Concentration）、市場滲透（Market Penetration）、地理擴張（Geographic Expansion）、產品發展（Product Development）等策略。

（二）事業層級策略（Business strategy）

事業層級策略關注公司不同事業在市場上發展的課題：包括企業本身在不同的產業中使用怎樣的定位策略，才能獲得競爭優勢？或是公司在市場上投入的承諾，及與競爭者的互動等。因此事業層級策略被認為是指在某些特定產品或市場中的競爭策略，包括定位、經營模式及競爭優勢等。最著名的事業層級策略是由 Michael Porter 所提出的，以產業競爭角度提出的一般性競爭策略：成本領導策略（Over-cost Leadership Strategy）、差異化策略（Differentiation Strategy）以及集中策略（Focus Strategy）三種基本策略。

（三）功能性層級策略（Functional Strategy）

功能層級策略關注公司在不同事業策略下，如何改善公司內部功能問題的支援性策略。包括製造、行銷、物料管理、研究發展以及人力資源等，功能性層級策略的目標在達成高效率、品質、創新，並進而使企業獲得競爭優勢。

二、企業策略的類型

因應不同的市場環境和情勢，企業也可能採取不同的因應方式，因此企業也會有不同的策略型態，包括：

1. **穩定策略**：企業不做重大改變的策略。

2. **成長策略**：企業提高其目標的策略，如對市場占有率目標及銷售目標的提高。

3. **退縮策略**：企業採取降低成本、減少企業本身所提供的某些功能、從目前企業所提供之產品或服務之市場撤退，甚至於解散清算整個公司的策略。

4. **綜合策略**：將穩定、成長、退縮等不同策略，同時應用於企業中不同事業部的策略。

更詳細的企業策略型態分類將在之後的「企業整體策略」單元中再詳細說明。

三、企業策略理論學派——Mintzberg 分類

企業策略理論分成許多學派，其中最著名的分類是管理學者 Mintzberg 等人的分類[6]，Mintzberg 等人將策略學派分為以下十大類，分別說明如下：

（一）設計學派（The Design School）

設計學派的代表性人物包括 Alfred D. Chandler Jr. 和 Kenneth R. Andrews，該學派認為策略是公司內部能力和外部機會的匹配，企業的經營策略要適應環境的變化，而企業的組織結構必須隨企業策略需求的變化而改變。設計學派主要的分析工具就是著名的 SWOT 模型：強度（Strength, S）、劣勢（Weakness, W）、威脅（Threat, T）、機會（Opportunity, O）。策略制定時要考慮威脅和機會以及企業本身的優勢和劣勢，反映組織內外部環境的條件對制定策略的重要性。而策略形成過程應當是一個受控制的、有意識的思考過程，策略管理過程則分為策略制訂與策略執行，執行則是依據策略指導而行動。總之，設計學派重視的是企業內外的匹配問題。

（二）計畫學派（The Planning School）

計畫學派和設計學派約為同時期產生的，學派的代表性人物就是 Igor

---

[6] Henry Mintzberg, and Joseph Lampel. "Bruce Ahlstrand 原著，林金榜，譯（2006），「明茲伯格策略管理」，商周出版

Ansoff。該學派雖然和設計學派一樣重視市場環境、企業在業界的定位和企業內部資源能力，但更認為策略的形成應該是一個受到控制的、有意識的、詳細具體的正規化過程；而且此過程可以分解成幾個主要的步驟，每個步驟要考慮大量的因素和各種技巧，因此計畫學派引進了許多數學、決策科學的研究方法，也發展出一系列如經驗曲線、增長一份額矩陣、市場份額與獲利能力的關聯決策工具。

（三）定位學派（The Positioning School）

定位學派出現於上個世紀 70 年代，代表性人物是以競爭策略聞名於世的管理學者 Michael Porter，定位學派的定位就是指企業在產業中的定位。定位學派認為企業在考慮競爭策略時必須考量企業與所處環境的關係，特別是產業環境；因為產業結構決定了企業的競爭範圍，這會影響決定企業潛在的利潤水準。因此企業要先選擇有高盈利能力的產業，再獲得產業內相對的競爭地位，然後才能獲取競爭優勢。定位學派也發展了一些分析方法，其中最著名的方法是 Porter 的產業五種競爭力模型、價值鏈模型以及國家競爭力的鑽石模型。另外，Porter 也提出企業獲得優勢的一般性策略內容：差異化、集中、低成本等。

（四）企業家學派（The Entrepreneurial School）

出現於 1950 年代初期的創新學派（Entrepreneurial School）又譯成企業家學派、創業學派，主要代表人有 Frank Hyneman Knight。創新學派鑑於許多成功企業沒有系統性的策略卻也能取得成功，因此認為具有洞察力的企業家才是企業成功的關鍵，企業家的策略思考包括向前看、向後看、向下看、從側面看、從遠處看，然後要看穿。該學派認為管理者對企業的基本價值以及企業存在原因的信念非常重要，因此也認為不存在規範性的策略制定過程，企業領導人必須具有遠見，要有深思熟慮的、但又隨機應

變的策略，策略的執行過程中也要靈活。但該學派太偏重企業領導者一人，如果領導人改變就會影響企業。

（五）認知學派（The Cognitive School）

認知學派興起於 1940 年代末期，代表人物是 Herbert Alexander Simon，他是一位橫跨多個領域的著名學者。認知學派從認知心理的角度出發，認為策略的形成是一個精神活動過程，也就是心理的認識過程；包括理性思維的過程，以及包括一定的非理性思維。認知學派介於較為客觀的設計、計畫、定位和企業家學派與較為主觀的學習、權力、環境和結構學派之間。而在實際形成過程中偏重實用性而不是最佳化，而由於決策者並非是完全理性的，其擁有的認知體系也不相同，所以會因為過去的經驗背景而扭曲了對於資訊的認知；所以此學派強調檢視決策者的內心架構及強化其資訊處理能力。

（六）學習學派（The Learning School）

學習學派興起於 1950 年代末期，代表人物包括 Gary Hamel、C.K. Prahalad、James Brian Quinn、Peter Senge 等赫赫有名的學者。其中 Hamel 和 Prahalad 因為提出企業的核心能力而聞名，Peter Senge 以系統動態學分析管理系統的《第五項修練》一書而得名。在計畫學派出現後，學者卻發現有許多策略是沒有經過計畫的正式程序而出現的，因而出現強調學習重要性的學習學派。因為組織環境複雜且難以預測，所以策略的制定必須採取不斷學習的過程，而且在此過程中，很難區別策略制定和執行的界限。該學派也認為策略有時以個人方式表現，而多數時候則以集體行為的方式出現，最後集中成為組織成員的行為模式。

（七）權力學派（The Power School）

權力學派成立於 1970 年代初期，代表人物包括 MacMillan 等，側重

在政治面和組織的權力變化。權力學派認爲組織是不同個人和利益集團的集合，因此策略的制定是在相互衝突的個人、集團或聯盟之間討價還價、相互折衷妥協的過程。而這些過程都包括了權力的運用。通常決策者的個人目標應與組織目標一致，如果不一致，組織的活動不再受共同利益的驅使，而會存在對策略認識的爭議，因此很難形成統一的策略。總之，權力學派將策略形成過程視爲被權力影響的過程，強調策略談判中的權力和政治手段。

（八）文化學派（The Cultural School）

文化學派出現於 1960 年代後期，代表人物包括 Andrew Pettigrew、Tom Peters、R. Waterman 等人，其中 Peters 和 Waterman 曾經合寫過一本暢銷管理書《追求卓越》。文化學派的出現主要在於 Pettigrew 將文化的概念引入組織理論，形成了企業文化的概念框架，及對企業文化的分析和構建。文化學派認爲文化的形成不僅僅是透過純粹的社會活動形成，還透過人們爲了共同的目的一起工作產生的相互關係，以及所使用的資源而形成。而策略是建立在組織成員的共同信念和理解基礎之上而形成；組織能否成功執行策略決策，除了學習能力，還與組織成員間共享的價值觀念及行爲模式有關。在 20 世紀 80 年代由於日本企業經營的成功，因此管理學界對企業文化研究十分重視，特別重視卓越企業的特質，例如《追求卓越》書中就提到卓越企業的一些特質：行動導向、貼近顧客、自治和企業精神、以員工提高生產力、親自實踐價值導向、堅守本業、組織單純，人事精簡、寬嚴並濟。

（九）環境學派（The Environmental School）

環境學派出現於 1970 年代後期，代表人物包括 M.T.Hannan 和 J.H.Freeman。環境學派沒有將策略的制定歸結爲組織外部環境的影響。

而是認為策略源於組織受到環境影響而產生的被動反應。組織必須適應環境，並在適應過程中尋找組織生存和發展的位置。組織的領導負責觀察了解環境並確保企業的完整與適應環境。其實其他理論中也都有考慮到環境對組織、對決策、對策略的影響，但環境學派最大的不同在於，在環境學派中策略形成過程中，領導和組織從屬於外部環境，環境居於支配地位。

（十）結構學派（The Configuration School）

結構學派又稱綜合學派，出現在 1970 年代早期，代表人物包括 Chandler、Henry Mintzberg 等人。結構學派研究起始於 Chandler，其包含了其它學派的所有內容，但卻運用獨特視角。結構學派和其他學派的根本區別在於提供了一種對其他學派進行綜合的方式。結構學派認為事物存在的兩個面向：狀態和變遷；而組織和組織周圍的狀態描述為結構，另一方面將策略形成過程為變遷，而策略是一個轉變的過程。結構學派認為策略組織可以明確劃分為若干類型，而策略行動相當於類型間轉變的過程。在對策略制定過程的觀點上，結構學派綜合其他學派觀點，認為策略制定過程既可以是一種概念性的設計或計畫，也可以是系統分析或領導的遠見，又可以是共同學習或競爭性的權術。而策略要採取計畫、定位或觀念，甚至策略的形式，都是個體不同時間和情形出現的。

6.3　從企業策略到企業經營策略

一、企業總體策略

雖然企業策略本身牽涉很廣而且包羅萬象，例如企業總體策略、企業行銷策略、企業生產策略等。但在策略管理的研究上，自從 Ansoff 的策略定義提出以後，策略管理逐漸區分為兩大類：企業總體策略和企業經營策略。以下先介紹企業總體策略，稍後再說明企業經營策略。

　　企業策略包含企業的各種策略，其中包括競爭策略、行銷策略、品牌策略、併購策略、技術開發策略、人才開發策略等。而為了實現企業的基本使命和目標，對企業未來發展方向作出的長期性和總體性規劃、行動方案與資源分配的優先順序，並包括達成這些的政策與行動計畫，以及為達成這些企業目標確保執行的方法，可以稱為企業總體策略。企業總體策略是統籌各分項策略的全局性指導綱領。

　　企業總體策略的內容通常包括[7]：

- 決定企業的使命和目標，以及每個事業單位在組織未來發展時所扮演的角色。
- 決定企業在何種產業中發展，以及企業如何發展。
- 企業經營範圍的選擇。
- 企業在經營範圍內優勢的建立。
- 實施企業策略的時間策略。

企業可以採取的整體策略型態包括：

- 成長策略：包括以下幾種類型的策略：

  (1) 集中化（Concentration）：藉由專注公司的主要營運業務來達成。

  (2) 垂直整合：

  向後垂直整合：藉著成為自己的供應商，來獲得原物料的穩定供應的控制權。

  向前垂直整合：藉著成為自身產品或服務的銷售商，來加強對通路端的控制。

---

[7] Robbins, S. P., & Coulter, M, 林孟彥譯（2005），管理學，台北：華泰文化事業有限公司。

(3) 水平整合：透過結合同產業中的其它企業來獲得成長。

(4) 多角化：由合併或購入相關、非相關，相同或不同產業的公司，來達到成長的目標。

- 穩定策略：不顯著改變屬於公司總體層次的策略。

- 更新策略：公司因應公司未達短期目標或績效衰退而發展的策略，包括：

(1) 緊縮（Retrenchment）策略：當績效問題不很嚴重時，使用此種是短期的更新策略，以便於穩定營運、培養組織資源與能力。

(2) 轉變（Turnaround）策略：用來處理更嚴重的組織績效問題，使用如大規模組織重整。

而企業總體策略的規劃包括以下四個步驟：

- 認識和界定企業的使命：就是針對「本公司是做什麼的」和「本公司企業應該是怎麼樣的企業」這種個問題，進行思考及回應。

- 區分策略經營單位：為了策略的實施，企業必須區分成不同的策略經營單位，已將企業使命具體化，並將策略任務分解給策略經營單位執行。

- 在分析現有業務組合和決定投資策略：以決策工具分析現有業務組合和決定投資策略。

- 規劃公司成長策略：根據以上的內容整合思考決定的是哪些經營單位要發展、擴大，哪些要收割、放棄。

二、企業經營策略

所謂企業經營策略是指：企業在競爭的環境中，為了持續成長、追求優勢和創造生存發展空間；必須適應環境變化，並考量本身條件，以長期的觀點所採取的反應行動。企業在市場環境條件下必須制定自己的經營目

標，並爲了實現經營目標，規劃其行動方針、方案和競爭模式，並採取合適的行動。其中最常見的企業經營策就是企業的競爭策略，以下以大前研一和 Porter 的競爭策略爲例簡單說明：

● **大前研一的競爭策略模型**

　　日本學者大前研一（1984）[8] 提出其競爭策略模型，認爲競爭策略是「以策略優勢爲思考中心所發展的策略」，並提出四種策略型態：

　　(1)關鍵成功因素策略：確定產業的關鍵成功因素，然後把公司資源集中在可取得競爭優勢的特定領域中；適用於現有產品的正面競爭。

　　(2)相對優勢策略：利用公司和對手間競爭條件差異，以得到相對優勢；適用於現有產品的非正面競爭。

　　(3)主動攻擊策略：若主要的競爭對手在一個停滯、緩慢成長的行業中有穩固基礎時，採取主動攻擊以破壞競爭對手所依賴成功關鍵因素的；適用於創新產品的正面競爭。

　　(4)自由度策略：藉由發展創新研發活動，開闢新市場和發展新產品而取得競爭優勢；適用於創新產品的非正面競爭。

● **Porter 的一般性競爭策略**

　　Porter 在 1980 年提出一般性競爭策略（Generic Competitive Strategy type）的架構[9]，包括：

　　(1)成本領導（Cost leading）策略：建立相對於競爭者的明顯成本優勢，包括：達到有效率的經濟規模，藉由學習經驗曲線降低原料、人工成本，以及生產創新或自動化。

---

[8]　大前研一（1984），「策略家的智慧」，黃宏義譯，臺北：長河出版社。

[9]　Porter, M.. E.(1985), "Competitive Advantage", New York.

　　(2) 差異化（Differentiation）策略：企業建立與其競爭者產品或服務能力的差異，以形成差異化的特色，如：提高產品品質、開發行銷通路、改善服務態度、提升品牌忠誠度等。

　　(3) 集中（Focus）策略：企業實施差異化或低成本策略時，也將其力量集中在特定客戶群、產品線或市場，以達成自己的策略目標。

6.4　企業經營策略與企業專利

　　在第五章中曾提到當企業把專利行為作為一種策略行為時，專利對企業的資源、核心能力等都會有更多廣泛的影響。因此在討論企業專利和企業經營策略的關係時，我們將從企業策略的資源觀和能力觀為主，分析專利對企業經營策略間的交互影響與作用，說明如下：

一、資源觀點與企業專利

　　資源觀點主要的理論基礎是企業獲利能力源自企業所擁有的特有稀少性資源，而且此資源可帶給企業競爭優勢。資源理論認為的企業資源包括有形資產及無形資產，無形資產包括技術知識、資本、品牌、智慧財產權等。而這類策略性資源只有由企業內部長時間積累而形成，特別是無形資源如品牌知名度、商譽、企業形象、智慧財產權等。其他企業很難透過市場購買或進行模仿而獲得，因此這些無形資源可作為企業策略性資源。而能成為策略性資產的資源應該具備以下條件：價值性、稀少性、不可模仿性、無法替代性。而企業的經營策略必須對企業策略性資源做最佳配置以獲得競爭優勢。

　　專利是否成為企業的策略性資源，條件是也必須符合價值性、稀少性、不可模仿性、無法替代性等條件。通常所謂策略性專利可被視為企業的策略性資源，因此可以透過前面第二章所述的尋租、價值創造和市場競

爭優勢的方式爲企業獲得利潤。但企業專利也有另一個意義，就是它代表
企業向市場發出訊號，讓市場能多了解公司的技術與資源，可謂公司帶來
更多的投資，或是更多的合作與聯盟機會，這些將在後面的章節詳細說
明。

二、能力觀點與企業專利

　　能力觀點主要的理論基礎是從公司的核心能力出發，認爲核心能力是
組織中累積的關於如何協調不同生產技能的知識；核心能力有三個層次：
核心能力層、核心產品層和最終產品層。後來能力理論學派的學者陸續發
展出吸收能耐、動態能耐等相關概念。其中吸收能耐是指企業必須發展自
己的能力，才易消化吸收外部知識；動態能耐則是爲了避免核心能力的剛
性問題，以整合、建構、重構組織內部和外部資源、技能和能力來建立適
應環境快速變化的能力。

　　能力理論中專利等無形資產被視爲能影響企業核心能力，也是企業能
力的最後表現。事實上專利和企業的吸收能耐和動態能耐關係密不可分，
而且不是線性關係而是雙向影響的。本書後面的章節也會詳加闡述。此
外，專利和企業的創新與知識管理息息相關，而這兩者與企業的經營管理
策略是交互影響的，本書也將討論。最後，專利和企業的經營管理如何以
資源、能力、創新三個面向協助取得企業的競爭優勢，也是本書後續章節
的重點。

第七章 專利與企業經營策略 ——資源觀點

在企業經營策略中，企業資源理論是最重要的理論之一，我們可以分析企業的獨特資源來評估企業在市場中是否具有優勢地位？然後可以決定進一步該採取的有效策略。資源基礎論從早期的認為特殊性資產可為企業帶來優勢的觀點，漸漸擴展至結合企業能力與其他資源的配合，並以最佳化資源配置做為企業經營策略的目標。

本章將討論專利如何作為企業資源基礎，以及專利如何以企業資源的角色對企業產生影響。雖然在資源基礎論中也有研究者將企業的能力納入，但本章集中在資源面，關於企業的能力討論則留在第八章。另外，專利和一般企業資源不同的是，專利制度規定的企業專利資訊揭露，可以被視為一種企業對市場揭露的訊號（Signal），這在企業間的專利競爭與技術競爭中扮演重要角色。也有學者認為專利是具有「雙元優勢」的資源；因此本書也將專利資訊視為一種企業的訊號資源，也是資源基礎面向中重要的一環。本書將以研究者對於新創事業和創投公司的觀察研究，來說明專利訊號資源的重要性與影響。

根據以上的說明，本章的內容包括：

• **資源基礎理論**：資源定義、資源條件、資源與能力。
• **專利的資源基礎分析**：專利為何可做為企業資源、專利的資源特性、專利如何作為企業資源、實際的困難與解決之道。
• **做為資源的企業專利資訊**：訊號理論與企專利資訊、企業專利資訊的功能與運用、企業專利資訊在新創公司的應用。

7.1 資源基礎理論

　　一般認爲企業資源理論的出現是源自 1984 年 Wernerfelt 發表的《A resource-based view of the firm》（企業的資源基礎觀）一文，資源基礎理論（Resource-Based Theorem, RBT）的思想來源是：傳統的特別競爭力理論，李嘉圖經濟學理論，Edith Penrose 的企業成長理論以及經濟學中的反壟斷理論等。Penrose 在其企業成長理論曾提出企業是一個生產資源的集合體，其目的在於組織其自有資源與外來資源，然後製造商品以獲利。Wernerfelt（1984）則以企業資源理論檢視來自產業競爭要素，顯示產品市場的企業優勢來源包括建立進入障礙（Barriers to Entry）和模仿障礙（Barriers to Imitation）。資源基礎觀點認爲企業是資產和能力的組合，其中的資產包括土地、設備、廠房等有形資產和商譽、知識、智慧財產權等無形資產，這些獨特的資產和能力就是策略性資源（Strategic Resource），企業經由累積策略性資產和能力可以取得競爭優勢。此外，企業異質性的資源會造成企業的異質性（Heterogeneity），以及企業在競爭優勢上的差異。以下分別簡述重要的資源基礎理論學者的觀點。

一、Wernerfelt──挑戰傳統經濟學

　　關於資源的討論，以往都集中在經濟學的領域，例如做爲生產要素的勞動力、土地、資本等被稱爲「資源稟賦」，而對於企業是否能獲利，則集中於市場的分析等。Wernerfelt（1984）[1] 在其經典文章《A resource-based view of the firm》（企業的資源基礎觀）中提出不一樣的資源觀點，他在本文中說明了資源和企業的關係，特別是企業資源與企業能力的關係，

---

[1] Wernerfelt, B. (1984), "A resource-based view of the firm", *Strategic management journal*, 5(2), 171-180.

以及資源和企業獲利的關聯，因此 Wernerfelt 的這篇文章也被視為資源基礎論的重要文獻。Wernerfelt（1984）提出以往對於企業的的研究都關注在策略的研究，傳統的策略觀念和經濟學分析也都聚焦在企業的資源定位如優勢和劣勢，但這樣的分析往往集中在產品市場端。Wernerfelt（1984）認為應該開發一些簡單的經濟工具來分析企業的資源狀況，並檢視該分析提出的策略選擇。他特別提出應該注意獲利能力與資源之間的關係，以及公司管理資源的狀況與方法。Wernerfelt（1984）提出資源的例子有：品牌名稱、內部技術知識、技術人才、契約、機械設備、高效率製程、資金等。

　　傳統的經濟學將資源視為生產要素，企業為了生產產品並提供產品給消費者，必須願意在一定價格水準下，購買生產要素來生產產品以滿足消費者的需求。例如消費者有對交通工具的需求，企業才會有意願投入資本、購買勞動力（聘用員工）、購買機器設備以及相關原料及零件等來生產交通工具。換句話說當消費者沒有需求時，企業不會從事生產，相關的生產要素對企業而言也就不重要了；但這樣的理論在 Solow 提出技術是經濟成長重要因素的觀點後有了一些修正。由經濟學來看，生產要素的需求和產品的消費是息息相關的，當企業將生產的產品投入產品市場交易後，在滿足消費者的同時，也使用了生產要素提供者在生產要素市場供給的生產要素，所以也是生產要素市場中的消費者。企業所具有生產產品的能力決定了其對生產要素的需求，影響生產要素需求的因素則包括市場對產品的需求及產品本身的價格。如果產品市場對某種產品的需求大，產品價格又高，將使得企業獲得利潤高，則企業對產品所使用生產要素的需求也就愈大；所以生產要素市場和產品市場是連動的。此外，生產要素需求的彈性，取決於使用該生產要素生產的商品的需求彈性。也就是說只要商品價格降低，商品需求量就有較大比例的增加，生產這種商品的生產要素的需求量，也隨著商品的增加而同比例增加。

　　Wernerfelt（1984）認為經濟學上傳統的要素需求理論常要求資源的報酬要隨著規模呈下降趨勢，也就是說當資源量大時，最好價格能下降以降低生產的成本。但 Wernerfelt（1984）認為他提出的資源類型將會使傳統的因素需求的經濟理論成為特殊情況。資源觀點的假設是企業本身具有不同的有形和無形資源，這些資源可轉變成本身獨特的能力；而資源在企業間是不可流動的且難以複製，因此這些獨特的資源與能力可以讓企業具有持久競爭優勢。而企業是各種資源的集合體，因為企業擁有不同的資源，也就是具有資源的異質性，這種異質性決定了企業競爭力的差異。因此，可實現企業降低成本並提高利潤策略的資源，才是有價值的資源。

二、Barney──什麼樣的資源能達成競爭優勢？

　　Barney（1991）[2]在 1991 年提出了讓公司達成競爭優勢的資源和能耐，必須具備以下條件：

• 有價值的（Valuable, V）

　　當企業能夠使用此資源來規劃或實施提高其效率或效能的策略時，通常使用著名的「強度─弱點─機會─威脅」（Strength-Weakness-Opportunities-Threats, SWOT）模型分析，進而允許管理者利用有價值的資源尋找機會或減輕公司外部的威脅環境。而且企業也必須採取相應的策略來使得資源能夠成為競爭優勢。

• 稀少的（Rare, R）

　　能被多數企業提出的有價資源不會帶來競爭優勢，稀少性的資源才可以讓企業有機會獲得競爭優勢；當公司能夠使用此資源規劃或實施提高其

---

[2]　Barney, J. (1991), "Firm resources and sustained competitive advantage", *Journal of management*, 17(1), 99-120

效率或效能的策略，還是要實體資本、人力資本等的配合。

• 不能完美模仿的（**Imperfectly Imitation, I**）

要達成不完美模仿必須同時具備以下三點條件：獨特的歷史條件
（Unique Historical Condition）：即企業是獨立獲得此資源的；因果不明
確（Causal Ambiguous）：即企業提出的資源和企業的持續性競爭優勢是
具有合理的模糊性；和社會複雜度（Social Complex）：即當企業創造競
爭優勢的過程很複雜時，其他企業也不易模仿。

• 無法替代的（**Non-Substitution, N**）

即難以替代的資源，即不能夠存在一種即可複製又不稀少的替代品。

Barney（1991）的資源基礎觀點認為企業持續競爭優勢源自於企業
控制的有價值的、稀少的、不完美模仿的及不可替代的資源與能耐（即
VRIN 架構）；而這些資源與能耐是將有形與無形資產綑綁在一起，其內
涵包括企業管理技能、管理程序和例規以及企業控制的資訊和知識。

三、Barney等人──從優勢資源到動態能耐

Barney 等人（2001）[3] 在 2001 年歸結了 Wernerfelt 提出《The resource-
based view of the firm》這篇重要觀點的論文後，十年來關於此理論重要的
發展與學者的看法。在 Wernerfelt（1984）之後十年資源基礎觀點在創新、
企業治理、公司財務等領域都被作為重要的相關理論，但作者也承認資源
基礎理論是戲劇化且爭議的。以下本章只針對 Barney 等人（2001）在基
礎理論上的補充以及在新創研究領域上的討論做說明。

---

[3] Barney, J., Wright, M., & Ketchen Jr, D. J. (2001), "The resource-based view of the
firm: Ten years after 1991", *Journal of management*, 27(6), 625-641.

（一）資源基礎理論與創業

在創業領域的研究上，Barney 等人（2001）引述其他學者的看法，認為資源基礎理論可以藉由透過感知、發現、了解市場機會、協調將輸入變成異質性輸出的知識等，種種以上的創業過程，擴展資源基礎理論在創業領域的研究。資源基礎理論重視啓發式邏輯的作用，使企業家能夠快速了解和吸收特定發現的新變化的影響；因而當某些人對其他人沒有的資源價值有了深刻的洞見時，創業機會就出現了。因果不明確（Causal Ambiguity）被認為是企業家精神的本質，因為企業家透過經驗和學習而不斷擴大的知識基礎和吸收能耐，是實現持續競爭優勢的關鍵。而社會複雜性（Social Complexity）是企業家精神的核心，因為它可能使複雜技術的開發變成獨特的，因此難以模仿。Barney 等人（2001）並認為，企業家在承認專業知識所帶來的價值和機會，並將其融入創造租金方面發揮了至關重要的作用。

另一方面，資源基礎理論可能適用的創業領域包括大學的技術轉移，以及由大學中分拆出來的公司；一些大學在創新技轉過程中會因資源差異的關係比其他大學更容易成功。透過探索和識別創業資源和利用機會，學術單位可能會發展新穎的創新，但它們可能沒有將這些創新轉化為具有市場競爭優勢地位企業的特性。而來自大學外部的企業家可以發揮此作用，協助孵化新創公司。而在中小企業的持續競爭優勢方面，資源基礎理論的研究重點是大型企業，但較小的公司也面臨著如何獲得關鍵資源以創造持續競爭優勢的需要。Barney 等人（2001）引述 Rangone（1999）根據 14 個案例研究的詳細分析，確定中小型企業（SME）如何開發持續競爭優勢，並確定創造持續競爭優勢的三個重要基本能耐：創新能耐、生產能耐和市場管理能耐。

（二）資源基礎理論與動態能耐

而關於動態能耐（Dynamic Capabilities）和資源基礎理論的討論，Barney 等人（2001）引述 Eisenhardt 和 Martin（2000）的觀點。首先，他們認為，動態能耐已經在幾個不同的產業得到廣泛的檢驗，這是一個經過實證的主張，並可以跨越不同產業。然而，與傳統的資源基礎觀邏輯一致，動態能耐本身不能成為競爭優勢的來源。Eisenhardt 和 Martin（2000）認為，動態能耐可以成為競爭優勢的唯一途徑就是「更快、更精確地，或更偶然的」被使用；也就是說能夠盡早盡快應用動態能耐的能力，也可做為一種能耐。傳統的基於資源的邏輯，可用於評估這種能力是否可以成為持續或不持續的競爭優勢的來源。

Barney 等人（2001）歸納許多文獻聚焦在動態能耐角色的研究，例如企業如何使用特別的程序來改變其資源基礎，以獲得競爭優勢的來源；結論是只有在企業不斷變革的能力下，才能在動態市場中握有競爭優勢，而且在這些市場中持續的競爭優勢是不可能的。顯然具有部署動態能耐的能力並不意味著可以成為所有市場環境下持續競爭優勢的來源。舉例來說，如果企業有能力在快速變遷的市場中獲得和維持競爭優勢，但是當市場突然變得穩定和不變時，企業靈活有彈性的能力就不太具有價值了，也因此不會是競爭優勢的來源。更廣泛地說，一個特定的能耐的價值必須在公司運作的市場環境下進行評估，如果市場環境發生了激進的變化，那麼有價值的能耐可能不再是有價值的。而所有這一切都與傳統的資源基礎理論邏輯完全一致。但所有關於研究動態能耐的工作還是很重要，特別是關於學習能耐和變革能耐可能是企業可以擁有的最重要的能力之一。對這些能力的理解還是有限的，因此我們應該更關注這些能耐以及它們可以產生競爭優勢的方式。

7.2 專利的資源基礎分析

一、專利為何可做為企業資源

（一）專利可協助企業取得競爭優勢

　　企業在實施企業策略時需要從「策略要素市場」取得策略要素，這些要素可視為企業的資源。Hsu 和 Ziedonis（2013）[4] 在 2013 年說明經濟學上的「策略要素市場」，是指在該市場可購得實施企業策略時所需要的資源。當要素市場為完全競爭市場時，則購買該要素所需的價格會等於該要素在執行策略後所帶來的價值，而此時企業只有正常利潤未獲得超額利潤。當要素市場為不完全競爭市場時，即購買該要素所需的價格會低於該要素在執行策略後所帶來的價值，此時企業會獲得超值利潤。Barney 則定義「策略要素市場」為「需要執行策略才能取得資源的市場」，Hsu 和 Ziedonis（2013）在 2013 年引述 Barney 認為策略性要素市場是不完全競爭的，如果不注意策略性要素市場的不完備性，則會因為取得策略性資源的成本，大致等於（甚至高於）這些資源用於執行產品市場策略的經濟價值，而使得買方無法從因素得到經濟績效。Barney 認為只有在公司有較多的資訊或幸運時才可能獲得上述的正常利潤。因此從策略市場取得的企業資源無法保證能創造企業的價值與績效。

　　相較於從「策略要素市場」取得的企業資源，專利的價值不是靠成本和價格差異帶來利潤的，Oubrich 和 Barzi（2014）[5] 提出專利最大的功能

---

[4] Hsu, D. H., & Ziedonis, R. H, (2013), "Resources as dual sources of advantage: Implications for valuing entrepreneurial-firm patents", Strategic Management Journal, 34(7), 761-781.

[5] Oubrich, M., & Barzi, R. (2014), "Patents as a source of strategic information: The inventive activity in Morocco", Journal of Economics and International Business

來自對競爭者的市場排除權；但專利的申請與核准必須在新穎性、競爭保
護、保護成本、投資回報中進行權衡。另外專利可以累積公司聲譽與做為
對外談判籌碼，所以專利也已成為多面向的策略工具，特別是被稱為是策
略性專利的具有關鍵技術的專利。專利的效應包括：尋找可以保護自己免
於競爭者攻擊的壟斷位置、增加無形資產、創造競爭者進入市場的障礙。
另外可以做為技術累積、資訊揭露和市場交易中介的功能。歸納來看，專
利可以由以下的方式協助企業獲得競爭優勢：

- 以技術創新帶來低成本，並創造規模經濟效益。
- 保護品牌地位，可以提高顧客忠誠度。
- 建立市場標準，並建立進入市場壁壘。
- 企業以專利獲得壟斷權，獲得壟斷超額利潤。
- 強化企業與供應商及潛在合作者談判的地位。

相較於由「策略要素市場」取得的策略要素，專利的效用、預期收益及對
企業整體影響，都是更佳的；因此專利適合做為一種對企業具有價值的企
業資源。

　　此外，如果我們以資源的觀點來看代表法律賦予確定權利的專利，
我們將發現傳統的要素需求理論將難以解釋專利。首先我們很難界定專利
的消費者，而且專利或是專利背後代表的研發，都不是由消費者需求帶動
的，專利的需求和價值也和商品市場並不連動，彼此之間也沒有依賴性。
甚至專利本身帶來對生產要素成本的提升，對消費者而言並無好處。但以
資源基礎論的角度來看，專利是企業本身的獨特資源，可以讓公司具有獨
特能力（這裡我們認為專利本身可能讓公司具有獨特能力，但也可能是公
司為了發展專利過程而讓公司產生獨特能力），而這些獨特的資源與能力

可以讓企業持久競爭優勢的。此時就經濟學的角度來看，此時企業間的競爭會帶動技術的進步，而技術的進步會帶動生產力的提升，使得社會進步。因此社會必須鼓勵並誘導產業往此方向發展，這也就是經濟觀點專利理論中的「激勵功能」。

（二）專利做為企業資源的條件

從資源基礎理論的角度來看，能使企業達成競爭優勢的資源，才是有價值的資源。而 Barney（1991）曾提出如果要讓資源和能耐達成競爭優勢的基礎，其資源必須是：有價值的（Valuable, V）、稀少的（Rare, R）、不能完美模仿（Imperfectly Imitation, I）、無法替代（Non-Substitution, N），Rothaermal（2008）[6] 則稱這是資源基礎的 VRIN 架構。Rothaermal（2008）認為雖然資源可以具有一些或甚至所有的 VRIN 屬性，但除非公司具有相關能力可以用有效的方式編排和部署這些資源，否則公司管理者將無法創造公司的核心競爭力，因此也無法實現企業層面的競爭優勢。另一方面，管理者可能會只提出不符合任何 VRIN 要求的業界平均水準的資源，但公司具有協調和部署的優越能力使得這些資源能達成卓越績效。因此歸納起來，企業要獲得競爭優勢有兩種可能：

- 企業擁有可以透過任何或所有 VRIN 屬性進行分類（即符合有價值的、稀少的、不能完美模仿的、不能替代的等特性）的資源，例如重要且可執行的專利或專利叢林）以及部署這些資源的能力；

- 企業擁有普通的資源，但在部署、協調和管理這些平均資源上具有卓越的能力。將 VRIN 資源與卓越能力相結合的公司，位於實現

---

[6] Rothaermel, F. T. (2008), "Chapter 7 Competitive advantage in technology intensive industries.", In Technological Innovation: Generating Economic Results (pp. 201-225). Emerald Group Publishing Limited.

和維持競爭優勢的最佳位置。

關於資源、核心能力（Core Competence）、企業能耐（Corporate Capabilities）與競爭優勢的關係，Rothaermal（2008）提出了一個分析架構來描述資源、核心能力、企業能耐與企業策略的關係，以及它們是如何形成競爭優勢的模型。他認為在資源（Resource）、核心能力（Core Competencies）和企業能耐與企業策略交互作用，其中企業策略建構（Build）了資源和能耐，核心能力則和資源和能耐交互作用，並且形塑（Shape）了企業策略。而企業策略會造成競爭優勢，競爭優勢帶來企業的經濟利潤。此外，企業策略必須與企業本身條件配合，即在內部的策略要和公司資源、能耐和能力配適，然後企業策略「結合」公司資源、能耐和能力才是獲得競爭優勢的關鍵；而不是將公司的資源、能耐和能力集合起來的公司策略能創造公司的競爭優勢。

如同 Barney（1991）所提出的，企業必須採取相應的策略，使得資源能夠成為協助企業取得競爭優勢的因素。從以上的觀點，我們嘗試回答專利如何形成企業的競爭優勢？首先從以上的 VRIN 架構觀點來看：

- 首先要評估專利是否符合有價值的、稀少的、不能完美模仿的、不能替代的等特性條件。
- 再評估企業本身必須採取相應的策略，使得專利能夠結合公司其他資源、能耐和能力，才是企業獲得競爭優勢的關鍵，才能使專利成為有價值的企業資源。

這裡所說的策略可以是專利策略，也可能是公司經營策略，但都必須能反應公司在市場上的競爭行為；而能力可以包括企業的核心能力和某些研究者所認知的專利能力。

（三）專利如何做為企業資源

1. 符合 VRIN 條件的專利——尋租

專利如何能爲成爲企業資源，並且爲企業帶來競爭優勢和利潤？在本書第二章曾經討論專利獲利的原因，主要是來自專屬性和與互補性資產的搭配使用。而具有高度專屬性的專利，才符合本章所述的資源 VRIN 屬性，因爲只有強的保護措施，才能使企業在阻止其他企業的模仿的情況下，採取尋租的行動，包括授權、成爲技術標準、收取使用費等作爲，而獨享壟斷性利潤。

2. 不符合 VRIN 條件的專利——商業化與資本化

但前面也談到，許多專利並沒有強的專屬性，也不完全符合資源 VRIN 屬性，則必須配合互補性資產，或採取價值創造的手段，如將專利商業化和資本化。專利商業化是指以專利的技術屬性所蘊含的市場運用價值進行商業化，其中最常見的包括專利商品化，也就是將專利及其附屬物作爲商品，進行拍賣、銷售、綁售等產權轉移以創造利潤。專利資本化則是讓專利可以進入到資本運作市場，包括專利保險、專利證券化、專利信託、專利質押融資等方式。但這些和整體制度環境與金融市場與金融治理有關，目前還待推廣。

3. 專利數量做爲企業資源

最後，從近年興起的「專利戰爭」（Patent War）角度來看，一些企業以綿密的專利網絡形成專利叢林阻擋潛在的對手，讓其他企業因爲懼怕引起專利侵權問題進而必須付出高額的賠償金，所以避開了相關技術領域經營。但近來有一種做法就是後進者在同樣技術領域也申請了大量的專利，營造出具有反擊侵權實力的氛圍，則可能使先前擁有較多專利的企業因爲顧及專利訴訟的高成本與訴訟成功率被降低，而降低了專利訴訟的動

機，因此達成了雙方的「恐怖平衡」；後進企業雖然付出高額專利成本，但也避免高額賠償與訴訟費，無形中賺得了賠償與成本的價差，以及在技術領域發展的空間。這可能使得「專利數量」也成為一種企業資源，但必須以專利集中在相關技術領域為前題。

（四）專利做為企業資源的困難與解決之道

除了如以上所述，只靠優勢資源並不一定能獲得競爭優勢，而需要能與公司資源、能耐等配適的策略和公司資源、能耐與核心能力配合的資源才能創造優勢。另一方面，從實務上來看，專利是否都適用創造公司競爭優勢的 VRIN 架構？我們首先會發現，專利要同時達成 VRIN 四個條件可能是困難的。首先我們考慮專利如何能成為有價值的（V）？事實上關於專利的價值討論已經是汗牛充棟，但要能夠帶來企業競爭優勢的價值，很明確的就是要能夠提升公司收入或降低成本的價值；而要提供公司的收入，除了能無阻礙甚至獨占的實施專利商品的販售，也可以透過技術授權和專利訴訟獲得經濟上的利益；而具有此專利技術的產品，必須具有市場的競爭力：包括價格能為消費者接受、功能的提升以及設計能為市場肯定。而在專利的稀少性（R）上，其實專利作為發明者與創作者與政府訂定的「契約」，發明者與創作者必須以對發明創作內容的揭露來換取一定程度的市場獨占權，而揭露的程度還必須能使「具有該技藝之通常知識者能據以實施」；也就是說當專利公開時，相關的競爭者在理論上都可能直接或間接得到該專利相關的技術資訊，並不像實體資源一樣能保留稀少性。

同樣的，我們也可以從相同角度來思考不能完美模仿性（I），當專利符合一般國家專利法的要求時，當專利公開後，相關的競爭者在理論上都可能直接或間接得到該專利相關的技術資訊，並不能保持不完美模

仿性。因此爲了避免維持技術知識這樣的無形資源和無形資產，一般企業會偏好以「營業秘密」作爲保持此資源和資產的稀少性（R）和不完美模仿性（I）。但另外還有其他的相關方法，如使專利能夠交互授權，成爲標準專利等策略，就有可能讓專利具有稀少性；而且當專利能夠交互授權，成爲標準專利時，會對其他競爭者的模仿增加社會複雜度（Social Complex），增加其模仿的困難。但此社會複雜度其時也代表專利擁有者對專利的保護與實施也需要較高的成本。而「獨特的歷史條件」和「因果不明確」也是創造不完美模仿性的思考途徑，例如臺灣的半導體產業環境和上下游供應鏈讓其他企業複製的困難度很高，但如同前所述，要製造「獨特的歷史條件」這麼高的模仿門檻，是需要和環境與制度配合的策略，對專利擁有者也具有相當高的難度。最後我們考量是無法替代性（N），前面我們曾經討論過，要創造資源帶來的競爭優勢，必須不能夠存在一種可複製又不稀少的替代品。但當揭露技術內容的專利可複製又不稀少時，此時就必須靠法律保護此相關特性。也就是由法律製造的競爭者進入市場的壁壘，以及競爭者模仿的壁壘。

另外因爲專利是無形的資產，所以從提供企業良好績效、以及提供競爭優勢的策略資產角度衡量專利是更複雜的，因爲其他的企業資源通常包括了有形與無形的資源。例如企業 IT 的能耐可以區分爲有形的資源、人力的資源以及無形的資源三類：但專利資源通常只能包括專利、獲得專利的能力、重視專利的組織文化等無形的資源，以及是否具有專門專利部門或專利人力等人力資源。一般會認爲策略性專利或關鍵基礎專利可以是企業的關鍵資源，因爲這兩種專利可以有效的阻絕模仿者或競爭者的挑戰。但能獲得以上的效果必須以其他條件爲後盾，例如有效的關鍵性專利來自研發能力，專利的談判、授權、訴訟等能夠獲得報酬的方式，都必須與企業本身其他能耐或核心能力相關。因此資源基礎理論其實也相當程度重視

公司的能耐，特別是公司對於資源配置的能耐。

　　經由以上的討論，我們發現專利本身要達到滿足 VRIN 架構的所有條件是有困難的，但我們也提出可以用各種策略進行配合來達成 VRIN 架構。如同現在的資源基礎論者和早期的資源基礎論者不同，許多研究者已經不限於將專利視爲「尋租功能的資源」，而必須和公司的核心能力與其他資源配合，才能達到策略目的或獲得競爭優勢。而對於專利來說，其中最重要的策略分屬於兩類：一種是法律的訴訟策略，另一種則是將專利商用化的策略。

二、專利的資源特性——「雙元優勢」

　　Hsu 和 Ziedonis（2013）認爲在要素市場中可以容許一個單一的資源類別來作爲多個策略優勢來源；並提出有一種資源在「策略要素市場」上具有「雙元優勢」（Dual Advantage），可以增進交易和促進企業間的交互接觸，以及對其產品在產品市場上的事前與事後保護。而從資源功能角度的觀點來看，專利被視爲單一資源但可具有多重的服務。因此 Hsu 和 Ziedonis（2013）提出專利是一種具雙元優勢的資源。首先，要釐清的是 Hsu 和 Ziedonis（2013）定義的「專利」是指具法律保護效力的專利，不包括企業的「專利行爲」和「專利能力」。而專利可視爲競爭優勢來源的資源，例如對於新創企業，專利可以有兩個功能：

- **做爲產品市場中的隔離機制（Isolating Mechanics）**：專利的功能不僅在於提供對市場競爭者的隔離，以確保自己公司在市場上的產品安全和銷售安全，也就是免於模仿和侵權的訴訟。
- **做爲策略要素市場中的訊號裝置（Signaling Devices）**：專利也可以作爲產品品質的訊號，以解決公司在新創初期對於市場投資者的資訊落差，以使新創公司將更容易獲得資金，甚至資金以外的

其他支援。

我們針對以上的專利功能進一步說明，以隔離機制而言，是聚焦在像專利等的法律保護措施；專利的功能在幫助隔離或阻擋競爭對手。另一方面，企業使用專利可能從研發投資和人力資本投資得到專屬性（Appropriate）較大的報酬。包括藉由收取額外的價格費用、授權、以優勢定位保持價格優勢等方式；而且學者的研究顯示專利的隔離機制優勢是可以跨業別的。因此專利在策略要素市場上具有雙元優勢：不但可以增進交易和企業間的接觸；也可以對其產品在產品市場上的事前與事後保護。Hsu 和 Ziedonis（2013）並透過美國 370 個與創投有關的半導體企業進行實證研究，提出專利在策略要素市場和產品市場所具有雙元優勢（Dual Advantages）的結論，這些結論包括：

- 專利在對缺乏先前創新成功經驗的創新者，在確保卓越創投業者（Prominent VC）進行最初基金投資時是有影響力的。
- 專利可降低在早期幾輪創投投資時價值的陡降。
- 在初次上市 IPO 時，專利可扮演大眾投資者與缺乏卓越創投業者的創新公司間的資訊橋接功能。

而關於專利的市場訊號功能原理與應用，將會在本章的後面再詳細說明。

三、專利做為企業資源的實證研究

以下我們引用一些過去研究者的研究結果，兩者的研究都是從將專利視為企業資源的角度出發，說明專利及其技術對公司經營的影響：首先說明研究顯示專利對企業研發帶來助益，也有研究者提出從資源基礎角度揭示企業專利技術資源對企業經營多角化的影響。

（一）專利有助企業研發

對於專利作為企業資源的證明，我們可以從以下的一些學者的研究得到支持。Schankerman（1998）[7]的研究顯示專利對企業是有價值的，因為專利可以帶來研發補貼，但在不同領域補貼比率有所不同。Schankerman 在1998 年針對法國不同技術領域和不同國籍專利權人的私人專利價值進行分析，研究顯示專利制度作為研發經濟報酬的重要性。企業可以使用保護發明的方法包括專利、營業保密、授權協議和不同形式的先動優勢，至於要採取哪一種方式取決於這些方法的相對成本和收益；而專利保護的有效性應該取決於公司制度環境，特別是限制專利權人從發明中獲得社會報酬能力的法規和競爭政策。Schankerman（1998）並調查法國在 1969～1982年期間在醫藥、化工、機械和電子等四個技術領域專利的價值進行研究。研究結果顯示專利制度給予發明者有價值的財產權：專利保護為研發提供了動力，在技術領域中這些權利的私有價值約等於研發現金補貼率的15～25%，其中包括私人或政府的資助。但專利並不是創造性活動的私人報酬的主要來源，企業還必須依靠專利以外的各種機制來保護發明成果。另外，在法國不同技術領域專利保護的重要性業不同，製藥和化學專利研發補貼約 5～10%，機電專利占 15～35%。

（二）專利資源影響企業多角化

Silverman（1999）[8]在 1999 年針對企業資源的應用，提出企業資源基礎如何影響企業進入多元化產業時的選擇，藉由契約會比透過多樣化使資源

---

[7] Schankerman, M. (1998), "How valuable is patent protection? Estimates by technology field", the RAND Journal of Economics, 77-107.

[8] Silverman, B. S. (1999), "Technological resources and the direction of corporate diversification: Toward an integration of the resource-based view and transaction cost economics", Management Science, 45(8), 1109-1124.

有更好的利用。Silverman（1999）認為資源基礎理論明確表達企業資源因資源特殊性而能產生租金，資源的尋租能力應該與應用範圍成反比，也就是資源僅能在少數應用中實現它的潛在價值；特別是企業的技術能力（Technological Competence）和其主要業務都和其專利相關技術領域有高度相關，甚至成為限制。Silverman（1999）提出應該強化企業技術資源的對特定業務的應用性，並且配合公司的組織、制度等做法，才能有助企業往這個特定業務發展，這樣才能有助企業多角化發展。

7.3　做為資源的企業專利資訊

一、訊號理論與企專利資訊

（一）訊號理論

　　訊號理論（Signaling Theory）是由 2001 年諾貝爾經濟學獎得主 Andrew Michael Spence（斯賓塞）於 1973 年首先提出，訊號理論的前提是企業和利益相關者之間存在著訊息不對稱。企業擁有關於自己企業、產品、策略、偏好意圖的完整訊息，但股東和潛在投資者卻無法具有完整的訊息，因此造成資訊不對稱。但資訊較少的一方可以透過適當的「訊號」，縮短本身「可知」和「想知」兩者之間的落差，提高對企業價值的判斷能力，藉以實現潛在的交易收益。訊號理論包括訊號傳遞和訊號篩選兩方面，訊號傳遞是指訊息優勢方先行動，透過可觀察的行為傳遞商品價值或的真實資訊；訊號篩選指訊息劣勢方先行動，透過不同的契約甄別真實訊息。

　　企業發出訊號的動機來自成本，例如高品質商品的賣主發出訊號的成本，能夠以比低品質商品賣主的銷售成本低，且可從這種發出訊號得到報償，則高品質商品賣主會發出高品質商品的相關訊號；買主可能因此了解

到這種訊號是與較高品質相關的，會願意支付較高的款項。換句話說，買主能夠根據賣主發出的訊號推測商品品質的高低。例如企業舉債經營傳達出來的訊號是公司對未來收益有良好的預期；企業願意不斷支付專利年費代表公司對於研發的重視與現金流運用的自由度。訊號也必須是可見的，也就是說訊號必須能被訊號接收者觀察到。

訊號理論可以說是基於資源基礎觀點而產生的，企業傳遞的訊息和企業本身的體質、條件等，也就是和企業的資源相關。例如專利做為幫助企業取得競爭優勢的技術資源，因此會帶來更好的績效。而且專利在法律上可排除他人權利的功能也使專利具有未來潛在收益，所以整體來說專利對企業的利潤和績效都是正面的。其他利益相關者如股東、投資人雖然無法了解企業的技術內容與發展，但可以透過專利做為公司技術發展與技術前景的「訊號」，因此可縮小投資人對企業資訊上的落差。

（二）專利的訊號意義

專利可以成為公司技術訊號的原因在於專利制度對專利公開資訊的要求，包含專利發明人、申請人、專利權人、專利前案、專利技術原理、欲解決問題、請求保護的範圍等，都必須揭露給公眾知悉。而且在專利取得、維護、營運、訴訟、移轉、授權等資料都因為現代網路和資訊科技的發達，也都能呈現在大眾面前。因此專利不但能反映企業技術能力和創新水準，也可能揭露了公司的營運狀況。例如 Kodak 公司在宣布破產前的一段時間，大舉的重整專利。而如果有企業付不出專利年費，也可能代表企業財務有問題，甚至是公司有重大的轉型。另一方面申請專利也需要企業付出時間、財力以及智力資本等相關成本。因此專利可作為傳遞企業技術水準的訊號。

二、企業專利資訊的功能與運用

（一）企業專利資訊的功能

關於專利資訊的用途，Ernst（2003）[9] 提出專利資料中的資訊可作為企業策略規劃的重要參考，特別是在技術管理的核心領域。專利資訊可以用於對市場競爭對手的監控、技術評估、研發投資組合管理，特別是透過專利資訊所提供的公司兼併和專利收購以及人力資源的管理，來鑑定和評估企業所需要的外部技術知識的潛在來源。在技術管理中，使用專利可以包括以下功能：

- 已公告的專利可以保護發明人至少在一段時間內不受模仿而享有市場壟斷期，因此可以確保具有專利保護支持的技術在內部的使用。

- 受專利保護的技術也可以在外部使用，以實現企業所需的經營運作；例如專利銷售，以及透過交叉授權或策略聯盟獲取技術的策略性作為。

專利也包含技術管理的重要資訊，專利資訊可以提供價值訊號可歸因於以下的原因：首先它是容易取得而且多半是免費的，不需要專業的公司來提供，而且各國的專利局都不斷地對自己的專利資料庫進行更新，方便使用者能大量系統地檢索相關數據的機會。專利資訊也和公司各子領域相關，包括業務單位、產品生產單位、技術領域發展狀況或發明人動向，這使得能企業夠進行更精確的分析競爭對手。此外專利中還包含大量技術資訊息：特別是專利都是根據國際專利分類（International Patent Classification, IPC）進行分類的，根據專利 IPC 的資訊可以有助了解與分

9 Ernst, H. (2003), "Patent information for strategic technology management". World patent information, 25(3), 233-242.

析別技術的變革。

Oubrich 和 Barzi（2014）則提出企業可以透過專利獲得以下資訊：

- 監控相關技術的發展。
- 識別產業現在的發展趨勢。
- 監控資訊產業的發展。
- 識別專業人才和有價值的員工。
- 識別創業投資者。
- 識別對有創業投資或併購機會的夥伴。
- 識別產品授權機會。
- 識別競爭者及監控新的競爭者。
- 監控競爭者的行動和計畫以及研發行動。
- 分析投資機會。

企業對於專利資訊的掌握和應用是有益的，Oubrich 和 Barzi（2014）另外說明專利對於以下各項是重要的：

- 改善專利申請的品質。
- 了解一般商業環境的狀態。
- 識別可替代技術。
- 識別可替代技術的擁有者和發明者。
- 識別資訊科技和商業中發展的公司和個人。
- 調查發明中的新穎性和發明的特性。

以上主要還是從專利本位出發對技術的觀察，這樣的觀察有利於專利作為企業資源的價值，甚至判斷專利是否為企業關鍵專利。但是從企業經營的角度來看，以上資訊及資訊需求仍然是技術導向的，那麼專利對於企業管理面的資訊以及市場競爭的資訊是否有幫助？其答案是肯定的。事實上專利資訊不僅提供技術資訊，也隱含了企業管理與經營狀態資訊。因為

專利申請與維護的成本都必須由現金支付，所以公司願意持續申請並維護專利，表示企業的經營狀況較好，且對外來經營前景有信心。相反的，突然減少專利申請與維護的企業，可能代表其經營狀況的變化。但這些還必須以企業文化來做綜合判斷。

（二）企業專利資訊的運用

在企業專利資訊的運用方面，企業專利資訊可提供技術管理相關訊息、提供專利品質訊息、以及提供企業策略運用，以下分別說明：

1. 提供技術管理相關訊息

在對專利資訊的篩選以及判斷有了心理準備後，接下來我們討論專利資訊如何運用於技術管理的用途。Ernst（2003）文章中說明技術管理涉及一些重要問題包括：

- 如何檢驗和評估企業競爭環境中的技術變化？
- 在技術領域的競爭中的企業定位如何評估？
- 如何確定競爭對手的技術策略變化？
- 如何將研發預算分配給最有希望的技術？

而專利資訊可以提供有關競爭對手研發策略的相關資訊，並有助於評估相關技術的競爭潛力。

其次，專利資訊可用於識別和評估外部技術知識的選擇，包括：

- 如何識別與公司相關的外部技術知識？
- 如何評估潛在的可能收購對象和研發聯盟夥伴的技術狀況？
- 如何確定收購目標或研發聯盟合作夥伴和自己的公司之間的技術合適性？

最後，專利資訊可用於知識管理與研發人力資源管理，例如：

- 如何向組織中相關人士提供相關知識？

- 如何找到技術領域中的領先的發明者？

- 如何確保領先的發明人能夠留在公司？

- 原有技術公司如果已經沒有續存時，其技術人員的流向？

- 技術領先者的技術來源？以及相關技術擁有者合作的對象？

此外，專利也可能提供反面資訊，例如對俗稱專利蟑螂的非專利實施體的動向監測等。

2. 提供專利品質訊息

關於專利資訊與專利品質之間的關係，以往的文獻討論很多，最常見的專利品質指標包括：

- 專利被核准的比例。

- 專利向國際申請的範圍。

- 專利技術範圍。

- 專利被引用頻率。

如表 7-1 所示，Ernst（2003）提出一個評估專利價值指標的程序，而且建議過程中要驗證這些專利品質指標，並根據經驗確定其各自的權重：首先要將專利文件中的指標轉換成數量指標；並計算相對專利指標以避免不必要失眞：例如專利的引證頻率會受時間的影響，因此專利的引證頻率需要相對於同一年平均專利的引用頻率進行測量。再來需要選擇經濟價值高的專利樣本和和隨機選擇的對照組專利比較；最後進行統計回歸分析，以根據定義的專利質量指標測試經濟價值高的專利和對照組專利之間的差異。因此可用於計算每個專利的平均專利品質總體指標。當專利品質可以確定後，可以計算出整體專利強度，並能顯示企業在技術領域的競爭地位。

表 7-1　決定專利品質的步驟〔Ernst（2003）〕

決定專利品質的步驟	
第一步	首先要將專利文件中的指標轉換成數量指標，如專利是否核准，專利家族，引證數
第二步	計算相對專利指標以避免不必要失真，例如專利的引證頻率
第三步	選擇經濟價值高的專利樣本和隨機選擇的對照組專利比較，基於其利潤貢獻度，專家判斷等
第四步	最後進行統計回歸分析，以根據定義的專利質量指標測試經濟價值高的專利和對照組專利之間的差異
結果	計算每個專利的平均專利品質總體指標

3. 專利資訊的策略運用

　　關於專利資訊的策略運用，Breitzman 和 Thomas（2002）[10] 也提出專利分析的一些概念可用於併購和收購活動上，包括目標獲取、盡職調查（Due-Diligence）、兼容性和價值估計。在盡職調查階段，可以確保目標公司的技術基礎設施健全，其關鍵發明人仍然在公司工作。在評估技術兼容性時，專利分析可以為收購公司的專利布局與其收購目標之間的合適性提供看法。當完成了目標公司的技術和兼容性評估，也可以利用專利分析來評估證券市場對公司的估價是否公平；而這些方法可用於識別被低估的公司以及競爭情報。專利分析的方法在擁有大量專利技術的行業尤其有效，包括資通訊產業，醫藥生技，化學品和汽車。

（三）企業專利資訊使用上的問題

　　但在實際狀況中，企業專利資訊使用上會有一些問題，包括專利價值指標的選擇、資訊的真實性和價值性，以及替代性的工具如營業祕密愈來

---

[10] Breitzman, A., & Thomas, P. (2002), "Using patent citation analysis to target/value M&A candidates", *Research-Technology Management*, 45(5), 28-36.

愈被使用，詳細說明如下：

1. 專利價值指標的選擇

　　專利價值的決定和鑑定不是靠計量迴歸等統計方法就可以讓所有人覺得滿意，例如 Ernst（2003）提出的品質數量指標，其中使用到的參數就可成爲爭論的源頭。我們單就專利向國際申請的範圍和專利引證頻率兩個參數來討論：一般認爲這兩者對專利價值提供正向影響力，例如國際申請的範圍廣代表其保護力強，而且在多個國家和地區都獲得專利表示其新穎性或進步性不易被挑戰；而專利引證頻率愈高，表示其技術影響力愈大。由以上兩個條件，我們可能認爲這是一個具有價值的專利。但對一個必須付出現金或股權換取專利的買方公司來說，國際申請的範圍廣代表維護成本高，而買方公司通常只需要某些主要市場有保護即可；而專利引證頻率高雖然代表是關鍵技術，但引證者多代表此專利已經不新了，甚至已經出現往下好幾代的技術，所以眞正有價值的反而可能是發展此專利的團隊，而不是該專利本身。

2. 專利資訊的眞實性和價值性

　　在實際狀況中，專利的資訊對企業經營的本身是否有眞實的意義？而這些資料數據背後也能代表公司的眞實情況？有實證研究證明經過品質加權的專利，也就是區分出專利品質差異下的資料顯示，專利與公司績效呈正相關關係。而關於專利的品質指標討論非常的多，一般是考量其引證狀況、專利核准的過程，以及專利申請的地區。但値得注意的是專利資訊的時間因素：專利本身從申請到核准在正常情形下大約需耗時一年或數年，因此專利提供的資訊其實具有時間延遲的問題。另一方面，對於企業研發能量或研發行動的評估，究竟是參考專利申請量還是公告專利的數量較爲合適？一般而言，專利申請量應該是企業對自己研發結果的評估，如果是

討論研發投入時應該以專利申請量為準；如果是討論專利品質的問題或是研發是否具有突破？此時使用公告專利數量較為合適。另一方面，現行專利 18 個月公告期也使得專利揭露的資訊有落差，一些評論認為可對生命週期短的產品類別產生影響。但換個角度來看，如果產品生命週期太短，那麼先研發出產品進入市場者僅由先占優勢就可能獲得市場上同類產品可能獲得的大部分利潤，因此可能無需額外申請專利的保護。

3. 替代性的工具如營業祕密愈來愈被使用

另外一個對於專利資訊價值的挑戰，在於專利因其保護力及法律制度繁複的問題，許多企業、特別是服務業的企業不願使用專利保護，寧可使用營業祕密等，如本書先前的討論。另外許多行業如服務業因其技術性質不需要專利保護或是其技術不能作為專利保護的適格標的，如一些金融科技及區塊鏈技術等，因此較少申請專利，但這並不代表這些公司沒有技術實力。綜合以上的觀點，所以我們在選擇專利資訊時，必須要小心謹慎，了解專利資訊的真實意義與局限，否則可能造成誤判則會影響公司的決策。

三、企業專利資訊的實際應用──以新創公司為例

關於企業專利資訊在新創公司與投資者兼扮演功能角色，Hsu & Ziedonis（2013）從結合「創業金融」的觀點，從消除創投和投資人間的資訊鴻溝的角度出發，提出新創公司在三個和其財務變化密切相關階段中，它們的專利行為和公司財務的關係。這三個階段分別是：

- 創業初期受收到卓越創投業者（Prominent VC）支持的階段。
- 經過向創投幾輪募資後企業內部財務資本產生變化的階段。
- 首次公開發行的股價折讓的階段（the discount on share prices for IPO）。

以下我們將說明 Hsu & Ziedonis（2013）對專利在消除創投和投資人間資訊鴻溝功能的觀察。

Hsu & Ziedonis（2013）以新藥開發產業為例：在新藥開發過程中，明星科學家（Star Scientist）可使企業容易成功研發新藥、並進行商業化以獲利；因此人力資源可能成為新藥產業市場中重要的競爭優勢，但人力資本的細部訊息是投資人不容易獲得的。因此就公司資源和服務的觀點來看，不論明星科學家或法律保護的權利如專利等，雖然在不同競爭場域中都可保持概念上的企業競爭優勢，但發展新技術是消耗資本且帶有不確定性的，因此需要第三方的財務與資本協助。更因為新創公司的價值無法直接觀察，因此投資評估者必須藉由與其可以知道的價值「共同變異」（Co-Vary）的特性來評估其價值，而資源持有者如創投才可藉此評估企業成功的機率而能估計新創公司價值。

如果專利被作為新創公司的品質訊號，則專利資訊會成為策略要素市場中的訊號元素，此時新創公司會將策略要素市場中需要被商業化的資源，包括專利訊號和其他資源，加以強化和重組以形成優勢的獨立集合。而 Hsu & Ziedonis（2013）提出新創市場中專利資訊要符合「訊號」特性的準則在於：

專利是高成本且其品質能和其他技術比較而能夠被排序（Sort）的，並提供一個藉由排序決定品質型態的機制，如此可由在市場中的排序評估其價值。

在新創資本市場中，專利和產品品質對投資人和新創公司間資訊鴻溝提供橋接作用的效果是一致的。創投有時會將公司專利視為新創公司有良好管理的證據，以及在某些發展階段的市場利基。而專利布局（Patent

Portfolios）則能傳達新技術研究如何進行及其進度的資訊。投資人不僅可以從這些布局中評估這些技術的金錢價值，也可以看到相關的人力資本和公司的潛力。在 IPO 之前的過程中，有較多專利的企業可以募到較多的錢；有專利和原型產品的創新企業比較容易拿到投資者的加速投資，即「股權融資」（Equity Finance）。

我們可以從新創公司的發展過程的角度來看，科技公司會接收來自卓越創投業者（Prominent VC）的資金，但另一方面創投業者不僅提供相同的財務支援，也提供差異化的「超越財務」（Extra-Financial）的服務，以提供新公司在成長與發展的協助。卓越創投業者在策略要素市場會提供比較多的策略夥伴、管理企業的稟賦以及法律方面的顧問等。另一方面，新創公司在整個產業網絡中的起始位置會影響其未來的發展方向與未來在業界的地位，而且這將是路徑依賴的，並會受到卓越創投業者的影響。因此有經驗的新創業者比較容易在市場上拿到資金並獲的成功。但如果在創業初期缺乏創投，或是在 IPO 時缺乏卓越創投業者的支持時，如果專利能提供機制讓資源提供者能與創投有效接觸並消除資訊落差，則將對新創公司有很大的幫助。

因為專利顯示的是編碼（Codifying）的知識資訊，以及創新者投入的創新成本，對卓越創投業者確保其投資的資金有提供訊號的功能。Hsu & Ziedonis（2013）也提出對於聲譽稟賦較低的新創公司而言，專利是十分重要的。如果進一步考量一般投資者對於創新者的投資，當投資者在面對沒有經驗的新創業者時，缺乏經驗的創新者是較缺乏吸引力的，也不容易在要素市場獲得資源。如果創投的基金管理者也是經驗較少的，此時對於新創企業的影響不僅在第一輪，也可能會影響第二輪。Hsu & Ziedonis（2013）的研究顯示新創業者如果增加專利活動，則會降低缺乏聲譽稟賦的公司在跨輪創投募資資的困難度，特別是在第一輪募資時。而如果新創

業者在一開始能獲得卓越創投業者的投資加持，將有可能會帶給公司額外的聲譽，因爲卓越創投業者對外部其他投資者是有號召力的，這也可能減少公司在 IPO 時的折價，對於學者而言，這類似於一種經濟學上的租（Rents），也就是透過這樣的資源即可獲得報酬。

　　關於專利對新創公司的影響，Helmers 和 Rogers（2011）的研究也顯示了專利可以帶來正向的效果。Helmers 和 Rogers（2011）利用 2000 年英國公司在智慧財產權活動的數據，分析了 2000 年英國新技術創業公司在專利上的決策對其在 2001～2005 年新技術創業公司的資產增長率。他們的研究只以資產增長作爲唯一衡量標準，並以在 2000～2001 年的專利申請案來衡量，而且考慮到公司董事（1999～2001 年）的專利活動；研究結果表明，擁有專利的專利權人的資產增長率高於無專利的非專利權人約 8% 至 27%。Helmers 和 Rogers（2011）認爲原因可能是：

- 新創公司可能將專利用作資本市場的訊號，從而允許他們獲得更多借款，因此可以獲得更多的資金可以允許更高的增長。
- 專利幫助年輕企業透過將內在無形知識轉化爲產權來獲得風險投資，從而在創業失敗的情況下提高了剩餘價值。
- 新創公司可能會發現有專利有助於與客戶或供應商的談判。
- 專利可提供一定程度的市場力量的傳統優勢，使新創企業避免一些競爭，以確保自己的自由運作和增長更快。

　　以上的討論雖然對專利的訊號價值有啓發性的作用，但在細節上仍有許多可以注意的地方，其中最明顯的在於新創公司的專利與其研發團隊，或是技術擁有者有關；因此新創公司如何有好的制度能掌握技術團隊或技術來源，可能才是公司價值的關鍵。另一方面，此處提到的專利，是指公告的專利，而不是公司正採取的「專利行動」或公司能獲得、經營與管理專利的能力，因此我們只把這樣的觀點列入專利的資源觀點而不是能力觀

點中。還有一個必須注意的點，是公司申請專利的時間和專利的價值，也是投資新創公司時必須考量的關鍵。如果公司握有品質不佳的專利，其實可能只是造成公司的財務負擔，沒有加值的可能；而新藥開發的公司要評估其專利的有效期與藥物許可證透過的時間配合，如果專利通過的太早、藥證獲得太晚，使得藥證有效期與專利有效期差距過大，則可能造成在後期新藥無法受到專利的保護。

第八章　專利與企業經營策略 ──能力觀點

　　企業能力相關理論是企業策略管理領域的重要的理論，透過企業能力的觀點，可以了解影響企業競爭優勢的關鍵因素。企業能力理論的源流可以說來自於 18 世紀 Adam Smith（亞當史密斯）提出的企業分工觀念，接著 1920 年代 Alfred Marshall（馬歇爾）提出企業內部成長相關理論也與企業能力有關。Edith Penrose（潘羅斯）於 1959 年發表的《企業成長論》進一步研究企業成長問題，被認為是現代企業資源和能力研究的開山之作。Penrose 之後產生了企業核心能力理論、資源基礎理論等理論；但這些理論被認為是靜態的且無法將資源與策略整合考量，因此又有動態能耐學派的出現。另外，對於企業如何吸收外部知識也是很重要的，而針對此問題的研究因而形成了吸收能耐理論。

　　企業專利不僅是一種資源，也是一種策略行為；企業專利活動包含了策略和資源，因此企業必須具有相關能耐（Capabilities）以進行專利的開發、營運與管理。企業必須同時發展自己的技術並吸收外部的知識，並且因應外部環境的變遷，發展其核心的技能；在此過程中專利可以扮演重要角色。但是另一方面，是否企業具備一種專門為專利而存在的能耐？我們認為是專利可能做為一種企業的能耐並且「鑲嵌」（Embedded）在企業中；或是如某些研究者所認為的，企業具有一個整體的「企業專利能力」；這兩者本章都將分別加以討論。最後本章將介紹微軟的智慧財產權能力、以及西屋公司的專利部門發展史。

　　根據以上的說明，本章的內容包括：

- **企業能力理論**：企業核心能力、吸收能耐、和動態能耐學派。
- **專利與企業能耐的關係**：什麼是企業能耐、專利與企業能耐、鑲嵌在部門中企業專利能耐、企業專利能耐。
- **專利與企業能耐的例子**：微軟的智慧財產權能耐、西屋公司的專利部門。

8.1 企業能力理論

一、核心能力理論

（一）Hamel 和 Prahalad 的核心能力觀點

Hame 和 Prahalad（1990）[1] 在 90 年代美國受到日本經濟力的巨大挑戰時，觀察日本和美國企業並做比較；他們發現在同一個時期，日本企業如 Canon 公司、Honda 汽車都有高度的成長，因此西方經理人對日本產品的低成本和高品質感到憂慮。而且日本企業還在發明新市場與創造新的產品，並推出如 8mm 攝影機、彩色液晶屏幕的電視遊樂器等出乎意料的產品進入市場，甚至企業也能成功的轉型。例如 Canon 由傳眞機、雷射印表機切入半導體製造設備。Hamel 和 Prahalad（1990）因此開始從美日產業競爭思考企業競爭優勢的根源是什麼？他們提出一個著名的影響深遠的理論：企業核心能力（Core Competence）理論。

Hamel 和 Prahalad（1990）提出在短期內，公司的競爭力來自於目前產品的性價比（Price/Performance）；但是在第一波全球化競爭下的倖存者們，不論西方或日本的公司都持續將競爭的阻礙最小化，因此作爲優勢

---

[1] Prahalad, C. K., & Hamel, G. (1990), "The core competence of the corporation. Harvard Business Review", 68(3), 79-91.

差異的競爭力來源愈來愈重要。以往企業競爭力來自於能夠以比競爭對手更低的成本和更快的速度，建立產生預期外產品的核心能力；但現在的競爭來源卻是將技術和生產技能，整合而能使企業可以快速適應機會變遷的管理能力。核心能力可以是技術協調流程，也可能是關於組織工作和做為價值提供者。例如 Sony 公司的競爭力是小型化，則為了使其產品小型化，Sony 公司必須確保其技術人員、工程師和銷售人員對客戶需求和技術可能性有共同的了解。

Hamel 和 Prahalad（1990）認為核心能力是組織所累積的知識學習效果，需要各策略事業單元（Strategic Business Unit, SBU）間充分溝通與參與，以使不同生產能力間能合作將各種不同領域技術加以整合，並且提供顧客特定的效用與價值。核心能力是溝通、參與，以及跨組織邊界的深入承諾（這裡所稱的承諾包括投資）；核心能力不會因使用而減少，但能力仍然需要培育和保護。能力可以將現有業務的結合，也是新業務發展的引擎。企業要多角化和進入不同市場的模式必須靠企業能力指導，而不僅是靠市場對企業的吸引力。Hamel 和 Prahalad（1990）以 3M 公司為例，3M 公司在發展磁帶、攝影膠捲、壓敏膠帶和塗層磨料等多種業務時，已經也在基材、塗料和黏合劑方面建立了共同核心能力。但也有大型公司有潛力但沒有建立了共同核心能力，因為高層管理團隊無法分類其公司為其多個不相關業務中的哪一個？例如 GE 將大部分消費電子業務賣給了法國 Thomson 公司，但 Hamel 和 Prahalad（1990）認為 GE 竟然向競爭對手出售了自己的關鍵業務。

在核心能力的基礎上，不同的業務可以變得連貫和一致。例如 Honda 在發動機和動力傳動系統方面的核心能力，使其在汽車、摩托車、割草機和發電機業務方面具有顯著的優勢。Canon 在光學成像和微處理器控制方面的核心能力使其能夠進入影印機、雷射印表機、照相機市場並取得主導

地位。Hamel 和 Prahalad（1990）以圖 8-1 說明核心能力對企業的影響：企業具有的不同核心能力能交互影響使得企業能生產不同的核心產品（Core Production），而不同的核心產品再發展出不同的業務（Business），最後不同的業務再發展出不同的終端產品（End Production）。

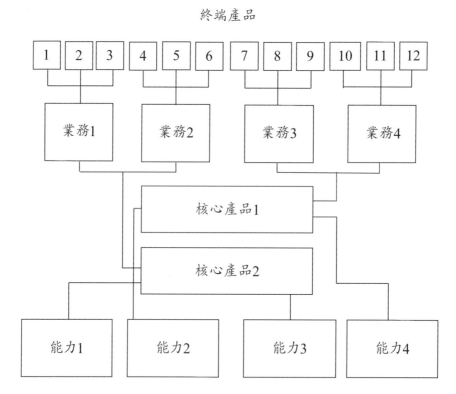

圖 8-1　企業核心能力與產品〔Hamel 和 Prahalad（1990）〕

（二）Hamel 和 Prahalad 後的核心能力概念

　　自從 Hamel 和 Prahalad（1990）發表了核心能力理論，後續產生了許多相關的研究，本節引用兩篇相關說明識別核心能力方法及核心能力結構的文章，依序說明如下：

1. Haffeez 等人──辨識公司核心能力

Haffeez et 等人（2002）[2] 認爲核心能力是由許多有價值的能力的集合，具有獨一無二的特徵，可從公司的三項資產：實體資產、智慧資產和文化資產著手，找出公司的能力。辨識公司的核心能力，需依下列三個步驟進行：

- 識別關鍵能耐（Identification of Key Capabilities）
- 決定能力（Determination of Competence）
- 決定核心能力（Determination of Core Competence）

2. Leonard-Barton──核心能力結構

哈佛大學商學院教授 Dorothy Leonard-Barton（1995）[3] 則提出企業是在創造和使用知識的基礎上進行競爭，因此管理企業的知識資產，與管理企業財務同樣的重要。企業的專長呈現在設備、軟體和製造程序中，而透過決策和行動，可以建立和改變核心技術能力。但知識不能像有形資產一樣管理，所以必須先了解它們再加以適應。而能夠協助企業獲得優勢的核心能力包括四個項目，分別是：

- **企業技能與知識（Firm's Skill and Knowledge）**：知識和技能同時也包含公司專屬的技術與研發理念。
- **實體技術系統（Physical Technical Systems）**：如資料庫系統、設備以及軟體程式。

---

[2] Hafeez, K., Zhang, Y., & Malak, N. (2002), "Core competence for sustainable competitive advantage: a structured methodology for identifying core competence", IEEE transactions on engineering management, 49(1), 28-35.

[3] Leonard-Barton, Dorothy, (1995), "Wellsprings of Knowledge: Building and Sustaining the Sources of Innovation", University of Illinois at Urbana-Champaign's Academy for Entrepreneurial Leadership Historical Research Reference in Entrepreneurship.

- **管理系統（Managerial Systems）**：包括組織日常資源的累積、資源調度配置，以及獎勵與激勵制度。
- **價值觀與規範（Values and Norms）**：價值觀和規範決定企業應該尋求何種知識以及進行何種知識創造活動。

另外，四個關鍵活動創造和維持知識流動，並將其引導到核心能力：

- 經由認知和跨越功能障礙，以解決整合和創意分享問題解決。
- 實施和整合新的方法、技術過程和工具。
- 進行正式和非正式的實驗。
- 從企業外部輸入和吸收技術專長知識。

當企業管理良好時，以上因素使企業能夠持續不斷地挖掘知識，而從市場學習、了解用戶需求，或將市場資訊投入到新產品開發中，能有助核心能力的增長和培育。

二、吸收能耐

（一）吸收能耐觀念的提出

Cohen 和 Levinthal[4]（1990）在 1990 年提出一個新的觀念：「吸收能耐」（Absorptive Capacity），是指企業認識到外部新訊息的價值、吸收並將之應用於商業目標的能耐，對於其創新而言至關重要，而這種能耐很大程度上是企業已有相關知識的函數。Cohen 和 Levinthal（1990）提出的吸收能耐觀念重點如下：

- **組織吸收能耐**

Cohen 和 Levinthal（1990）先探討了個人對於外部知識的認知與吸收，

---

[4] Cohen, Wesley M.; Levinthal, Daniel A. (1990), "Absorptive Capacity: A New Perspective on Learning Innovation", Administrative Science Quarterly, 35, 1.

再關注組織的吸收能耐，他們提出組織吸收能耐的特性包括：

(1)組織的吸收能耐取決於其個體成員的吸收能耐，組織吸收能耐建立在開發個別的吸收能耐的前期投資上，並且會如個體吸收能耐一樣累積。

(2)企業的吸收能耐並不是其成員吸收能耐的簡單加總。

(3)吸收能耐不僅指組織獲得或吸收資訊的能耐，還有企業利用資訊的能耐。

(4)組織的吸收能耐不只依賴組織與外部環境直接接觸界面，它還取決於組織次單位（Subunits）之間及其內部的知識轉移。

• 守門人

在考慮組織的吸收能耐時，溝通是很重要的課題。組織的溝通系統可能依賴於專門的參與者從環境中獲得並轉移資訊，溝通結構的問題不能與組織內專門技術的分布分開考慮。企業的吸收能耐依賴於處於企業與外部環境之間或企業內部次單位之間界面的個體，當組織內多數個體的專門技術與外部參與者的差異相當大時，一些團隊成員將有可能被設定為所謂「守門人」（Gatekeeping）的角色。守門人的職能是監測很難被企業內部員工所吸收的技術資訊，並將這些技術資訊轉換為研究團隊可以理解的形式。相反的，如果外部資訊與正在進行的活動緊密相關，那麼外部資訊將易於被吸收，而守門人或跨越邊境者就沒有必要轉換資訊了。

• 知識重疊與知識多樣性

組織個體之間知識的重疊對於內部溝通是必要的，如同共存在大腦中的多樣化知識能引發導致創新的學習與解決問題能力，個體間知識多樣性和個體的知識多樣性一樣有好處。知識充分重合能夠保證有效的溝通，每個人都擁有變化多樣的知識結構，他們之間的交互作用將會增強組織建

立聯繫乃至創新的能力，而這些對於個人而言是無法實現的。工作環境的多樣性會「激發新點子的產生」，組織的吸收能耐並非存在於任何個體之中，而是依賴於鑲嵌在個體能力之間的連結之中。知識分享和個體間知識多樣化會影響組織吸收能耐的發展，也是組織採取「向內看吸收能耐」與「向外看吸收能耐」的權衡。

- **研發與吸收能耐**

　　研發創造了吸收和開發新知識的能耐，這種觀點解釋了為什麼一些企業即便其發現的優勢會外溢到公共領域，它還會對基礎研究進行投資。基礎研究拓展了企業的知識基礎並創造了其與新知識的關鍵重合，為其提供了更深入的理解。

（二）吸收能耐的決定因素

Vega-Jurado（2008）[5] 等人延續 Cohen 和 Levinthal（1990）對吸收能耐的研究，提出影響吸收能耐的三個內部因素包括：

- **組織知識（Organizational Knowledge）**：包含組織擁有的技能、知識、經驗，由組織的先前知識、知識搜尋的累積經驗、員工的個別技能及研發活動所決定。
- **正式化（Formalization）**：正式化與系統能力有關，包含程序、規則、指令，有助減少內部溝通、協調的需求，並可創造集體記憶，讓組織依循常規運作，但同時也減少組織的彈性。
- **社會整合機制（Social Integration Mechanisms）**：此機制可以減少資訊在組織中流通、交換的障礙，透過鼓勵成員間互動而強化

---

[5] Jaider Vega-Jurado, Antonio Gutie´rrez-Gracia and Ignacio Ferna´ndez-de-Lucio (2008),"Analyzing the determinants of firm's absorptive capacity: beyond R&D", R&D Management 38, 4

　　知識的吸收，社會整合機制與協調能力有關。

其中影響吸收能耐的三個內部因素相互關連，有時甚至是互補的。

三、動態能耐

（一）動態能耐的提出背景

　　雖然資源基礎理論和核心能力觀點在管理領域占有很大影響力，但隨著高科技產業發展及商業環境變遷愈來愈快速，企業在決策和推出產品時都必須掌握時間因素，更必須面對未來愈來愈難掌握的競爭和市場，因此迫切需要能夠針對環境變化作出反應的能力。學者們開始認為企業的能耐應該要能使企業適應瞬息多變的外部環境，因此有學者提出「動態能耐」（Dynamic Capabilities）的觀點。相對於動態能耐，資源基礎理論被認為是靜態的，動態能耐學者認為動態能耐比資源基礎觀更廣泛，因為動態能耐是直接控制產生尋租的資源；而且資源基礎觀還要考慮開發新能力的策略；但如果對稀少性資源的控制是經濟利潤的來源，那麼技能的獲取和學習就成為基本的策略問題。因為策略管理中的基本問題是企業如何獲得和保持持續競爭優勢，所以策略管理也是動態能耐關注的焦點。

（二）Teece 和 Pisano 的理論

　　Teece 和 Pisano（1997）[6] 在 1997 年提出的〈Dynamic capabilities and strategic management〉（動態能耐和策略管理）一文，被認為是動態能耐理論發展的關鍵論文。Teece 和 Pisano（1997）觀察半導體、資訊服務以及軟體等高科技產業中的全球化競爭，認為需要一個新的研究規範來理解企業如何獲得競爭優勢。Teece 和 Pisano（1997）認為像 IBM，德州儀器

---

[6] Teece, D. J., Pisano, G., & Shuen, A. (1997), "Dynamic capabilities and strategic management", Strategic management journal, 509-533.

和飛利浦等企業是遵循「資源基礎策略」，累積有價值的技術資產並對採用攻擊性的智慧財產權保護措施；但此種策略並不足以使這些企業獲得顯著的競爭優勢。全球市場中的贏家是能夠及時對外在環境變遷做出回應，並能快速靈活進行產品創新與具備管理能力，以有效協調和重新部署企業內外能力的企業。許多企業儘管能夠聚集大量有價值的技術資產，但是並不具備多少有用的能力，所以無法獲得競爭優勢。Teece 和 Pisano（1997）將獲得新形式競爭優勢的能力稱為「動態能耐」。

「動態能耐」的「動態」是指企業能更新其能耐以適應變遷的商業環境，因為企業的競爭優勢存在於它的管理與組織過程中，而這些過程是由其特定的資產地位和發展路徑所決定，因此企業最重要的就是「位置」、「路徑」、和「程序」。詳細的說明如下：

• 位置（Position）

位置指的是企業內部和外部的位置，內在的位置指企業的可用資源，企業的策略取決於其特定的資產，包括像專業化的廠房和設備資產，還包括智慧財產或相關的互補性資產，以及企業的聲譽和關係資產；外部位置指企業在市場中的位置結構。企業目前的位置決定企業可以達到和實現的決策範圍。

• 路徑（Paths）

是指組織的歷史，因為企業目前的位置是由企業的歷史形成的，所以一個企業將來可以走到哪裡，依賴於它當前的位置、路徑和這些路徑的修正力量，這稱為「路徑依賴」（Path Depentent）。企業可以透過改變技術對產品或要素價格的變化迅速作出反應，以獲得最大化利潤，這和經濟學僅考慮了短期資產的不可逆轉性，如設備或管理費用這種固定成本，使企業在短期內只好以低於分擔固定成本的價格銷售產品有所不同。

• 程序（Processes）

組織的程序可以分為靜態和動態兩部分：靜態部分包括專注於協調和整理可用資源的程序；另一方面動態程序指的是組織學習和資源的重新配置，而動態的程序是組織具有持久適應性和組織變革的保證。Teece 和 Pisano（1997）提出程序包括靜態的協調／整合、動態的學習以及轉變的重置，相關內容說明如下：

(1) **協調／整合**（**Coordination/Integrating**）：組織中的管理者需要協調或整合企業內部的事務，內部協調或整合對企業能達到的效率水平非常重要。特別是企業必須對外部的技術與活動進行整合，包括策略聯盟、虛擬企業、供應鏈關係等，才能實現策略優勢。

(2) **學習**（**Learning**）：學習是透過重複和試驗，以實現更快速更佳地完成任務的程序，所以相較於整合，學習可能更為重要；另外，學習同樣可以幫助企業找到新的生產機會。

(3) **重組與變革**（**Coordination/Integrating, Learning, Reconfiguring**）：在快速變遷的環境中，企業必須重組資產結構，以完成必要的內部和外部所具有重要價值的變革，所以企業要對市場和技術進行持續的關注，並願意進行最佳實踐。在動態性的環境中，企業必須學習重組與變革的能力，並使其成為組織的技能，而練習得愈多做得就愈好。

動態能耐理論並提出管理的關鍵策略功能，也就是要發現企業內部新的價值並增強其價值組合。管理者藉由校準（Calibration）共有專業性資產並尋找新的組合，並在面臨改變發生時進行資產的重新配置、聯盟、重新聯盟、重組、再重組等過程，並執行關鍵策略功能和深入的技巧來識別和探索機會。企業管理者需要操控動態能耐來創造、保護及槓桿化無形資源的關鍵變數及無形資源間的關係，以達成企業績效提升或避免零獲利的陷阱。從動態能耐的角度來看市場競爭時，因為能耐是動態的，企業必須

有能耐發展新的技術與流程以獲得市場份額，所以企業必須更新它們的能耐，才能持續地維持優勢並在市場上續存。

（三）動態能耐的微觀基礎及組成因素

Teece & Pisanoe（1997）的動態能耐觀點提出後，雖然造成很大影響，但因為太過概念化，也受到不少質疑，因此後續有許多文章補充、闡述相關概念，包括 Teece 本人。以下只說明動態能耐的微觀基礎及組成因素的相關內容如下：

1. 動態能耐的微觀基礎

Teece（2007）[7]認為在快速變遷的商業環境中，組織分散在全球的企業要如何取得永續的優勢需要更多較複雜的資產和動態能耐。動態能耐主要在於創造、延伸、升級、保護企業的特有資產，動態能耐可以分為以下幾種能耐：

- 感應（Sense）機會和危機的能耐。
- 把握（Seize）機會的能耐。
- 在必須重新配置企業有形和無形資產時，經由強化、重組、保護以保持競爭力。並假設資產動態諧和（Asset Orchestration）能力中的優勢會奠基企業成功創新和傳遞捕捉長期財務績效的明顯價值。

2. 動態能耐的組成因素

Catherine L. Wang 和 Pervaiz K. Ahmed（2007）[8]歸納關於動態能耐的文

---

[7] Teece, David J. (2007),"Explicating Dynamic Capabilities-The nature and microfoundations of sustainable enterprise performance", *Strategic Management Journal*, 28.(11/6)

[8] Wang, C. L., & Ahmed, P. K. (2007), "Dynamic capabilities: A review and research agenda", International journal of management reviews, 9(1), 31-51.

獻進行研究，提出動態能耐的三個組成因素分別是：適應能耐、吸收能耐和創新能耐，以下分別說明：

• 適應能耐

企業必須具備識別和利用市場機會的能耐，動態能耐透過策略彈性、企業資源、組織形式與不斷變化的策略需求反應其適應能耐，擁有高適應能耐水準的企業顯示出較大的動態能耐。

• 吸收能耐

Cohen and Levinthal（1990）認為吸收能耐是是指企業認識到外部新訊息的價值、吸收並將之應用於商業目標的能耐，對於其創新能力而言至關重要，而這種能耐很大程度上是企業已有相關知識的函數。擁有高吸收能耐的公司具有向合作者學習，並能整合外部資訊並將其轉化成公司知識的能耐。

• 創新能耐

創新能耐是指企業發展新的產品或市場的能耐，透過使策略進行創新行為，而企業創新能耐是企業在外部競爭和變化環境中發展和生存的發展的關鍵因素；企業愈創新，它擁有的動態能耐愈強。

關於前述常見的幾種能力理論的差異，可以參考吳錦錩的比較結果，如表 8-1 所示。

表 8-1　三種理論觀點的比較〔吳錦錩（2006）[9]〕

	資源基礎理論	企業核心能力觀點	動態能耐
組成元素	策略性資源的組合，包括資產和能力，如企業有形資產、企業無形資產、能力等，屬於組織活動	來自於學習過程形成的系統，如企業有形資產、企業無形資產、能力等，屬於管理程序	經由持續性重新安排資源和例行程序而形塑的系統，如企業有形資產、企業無形資產、能力等，兼具組織活動和管理程序
環境考量	著重企業內環境	企業內環境為主、外部環境為輔	連結企業內外部環境
競爭優勢來源	資產和能力組成的策略性資源	資產和能力組成的能耐	嵌入於系統的動態能耐
競爭優勢方法	部署、控制、開發策略性資源	發展和應用來自於資產和能力的能耐	逐漸發展嵌入於企業能耐的動態能耐，以適應改變

8.2　專利和企業能耐的關係

一、能耐是什麼

• 能耐的定義與分類

　　企業能耐可能有不同的分類與定義，但本章著重在與企業競爭優勢相關的分類，因此我們借助 Li 等人（2007）[10] 的分類法與定義。Li 等人（2007）認為能耐（Capabilities）是指轉換輸入為必要輸出的轉換效率，

[9] 吳錦錩，（2006），「企業持續性競爭優勢構面—以臺灣自有品牌企業為例」，中華管理評論，第九卷二期。

[10] Li, S., Shang, J., & Slaughter, S. A. (2010), "Why do software firms fail? Capabilities, competitive actions, and firm survival in the software industry from 1995 to 2007", Information Systems Research, 21(3), 631-654.

如研發能耐為研發支出轉換為產品專利的效率。Li 等人（2007）等人並將能耐區分為三大類：研發能耐（RD Capabilities）、行銷能耐（Marketing Capabilities），以及營運能耐（Operations Capabilities）；研發能耐和其產品有關，行銷能耐和其報酬有關，營運能耐和其獲利有關；而要了解這三種能耐，就必須從資源基礎理論來討論。

　　企業的競爭行為會影響競爭者、競爭優勢以及企業的績效；例如常見的降價、推出新產品可能會影響不同企業在市場的市占率，而這就可能影響企業的收入或盈利，影響企業的績效。另一方面企業能存活的關鍵之一就是要能創新，因為創新能帶給企業新的產品和新的市場，以及財務上的穩定。特別是破壞式創新觀點認為對現存於市場上的公司，要持續性的創新才能因應新技術帶來的破壞威脅。資源基礎理論把企業的績效和企業的能耐與資源作連結，強調價值、專屬性和稀少性會引導競爭優勢的創造。低的模仿性、低的替代性，以及低的移動性對企業的競爭優勢有幫助。Li 等人（2007）等人認為對高科技企業而言，討論研發能耐、行銷能耐，以及營運能耐與模仿性、替代性與移動性相關。

・研發能耐

　　研發能耐反映企業在企業新點子（Idea）的產生和新的產品／服務的發展，企業有優越研發能耐的，會擁有較佳的客戶忠誠度、品牌被了解的可能性，以及優勢的價格及競爭優勢。研發常能生產出對製造商具有專屬價值的產品。而對於軟體企業而言，因為其擁有「由做中學」的特性，所以其擁有隱性知識而且是難以模仿的。研發行動也是創造產品及技術的根本，而高科技企業研發的成果輸出通常是專利的品質與數量。Li 等人（2007）認為研發能耐是將研發投入的資源轉換成研發輸出的效率，具有好的研發能耐的企業，也具有較佳的將研發投入的資源轉換成研發輸出的

效率；所以企業有優勢研發能耐的可以連續創新並持續其市場領導力。其中最明顯的是微軟（Microsoft）和甲骨文（Oracle）等企業，以及近年來的通訊軟體與網路平台等都是。它們使用網路效應（Network Effect）及轉換成本（Switching Costs）使企業擁有先占動優勢，和以優勢的研發能耐和行銷能耐來持續競爭優勢。

・行銷能耐

行銷能耐則是企業識別消費者需求和了解顧客喜好的能耐；有較佳行銷能耐的企業能較好的推銷產品和銷售產品，並能有效的建立與消費者的關係。這些關係是類似企業的 Know-How，是企業特用且難以模仿的、難以轉移的。這些能耐也是具有高度專屬性的，因為企業可藉由有效使用行銷資源以獲得銷售報酬及實現品牌認知（Brand Recognition）。而行銷能耐是將行銷相關資源轉換成行銷輸出的可轉換程序。

舉例來說，對於現在的企業而言，最具體的行銷資源就是 1999年，Gartner Group 公司提出的客戶關係管理概念（Customer Relationship Management, CRM）。客戶關係管理概念來自更早期的企業資源規劃（Enterprise Resource Planning, ERP）概念，強調對供應鏈進行整體管理，而客戶關係被視作供應鏈中的一環。一般對 CRM 的概念是可以自動化的改善銷售、市場行銷、客戶服務和售後服務等與客戶關係有關的商業流程；CRM 既是一種觀念和制度，也是一套軟體和技術。客戶關係管理對於專利也具有關聯性，因為當企業能了解其上下游客戶的技術能力、技術需求與競爭目標時，具有專利的企業可以進一步將自己的專利向客戶行銷，透過專屬授權或策略聯盟的方式，以專利的形式提供客戶需要的價值，因此專利行銷也可說是價值行銷。

・營運能耐

營運能耐是企業持續進行營運下的結果，主要的營運能耐輸出是企業的營運收入（Income）。在經濟學上的生產要素中，土地不被列入營運績效的分析，而技術的進步和研發有關，也與營運能耐較無關係。通常被視為營運能耐相關因素的，是勞動力和資本兩大範疇的因素；包括組織結構，人力和設備的投資，以及財務的資本等。透過有效的工具和流程改善生產力可視為營運能耐，Li 等人（2007）提出營運能耐等於轉換營運輸入成為營運輸出的效率。而營運能耐輸出（即營運輸入）是員工、內部控制、資本支出等的函數。營運能耐可將營運輸入轉換成較有價值的輸出，藉由此可使企業得到競爭優勢，而這些能耐和優勢是其他企業很難模仿的。

而相較研發能耐和行銷能耐，營運能耐比較沒有潛力持續企業競爭優勢。以 Teece 的動態能耐觀點，高營運能耐能幫助企業達成「技術配適」（Technology Fitness），而不是「發展配適」（Evolutionary Fitness）：「技術配適」測量任何能耐如何有效形成其功能，而不考慮企業是否繼續生存；但「發展配適」測量任何能耐如何有效使企業繼續生存。更精確的說，具有較高營運能耐的企業使公司運作更有效率，也能使公司採取的新技術、新流程的使用更順利；但營運能耐無法發明創造新的產品以因應競爭變革，也不能在新的市場形成阻擋作用；但是能對競爭者形成阻擋壁壘阻止競爭者進入市場或模仿，才是獲得競爭優勢的原因。

營運能耐有時會和公司的組織創新和流程創新有關，公司需要組織創新和流程創新以因應外界環境的改變，而流程創新與組織創新也會改變營運能耐。所以營運能耐並不是完全孤立在其他兩個能耐之外的。此外由於產業環境的急速改變，某些行業原來的產業界定與經營模式都隨之改變，因此於以上三個能耐的討論，在某些情況下有不一樣的狀況，最明顯的就

是高科技產業。在這些狀況下，公司的營運能耐相對重要，而且公司營運模式必須向邁向新商業模式的途徑創新，而這兩者都和專利有關。以下我們將討論一個關於營運能耐延伸的課題，就是製造業服務化。

例 8-1　營運能耐的延伸課題──製造業服務化 ✎ ─────

高科技產業的發展迅速與競激烈，造成產品週期短、商品售價愈來愈低。雖然研發會帶來企業的持續性競爭優勢，但此時擁有高度研發能耐的企業，卻因為製造和銷售成本過高，如果自己生產行銷販售，可能無法獲利。因此會採取另一種方法，就是授權下游企業生產製造，而製造商可能是原廠的代工企業，也可能是只有核心能力是授權的，生產商擁有自己的品牌，但須向技術授權商付出高額的授權金。近年來美國與日本和東亞一些國家與地區，就形成了這樣的產業價值鏈：美國、日本的企業做技術創新研發，一直到生產過程標準化，然後生產由其他國家和地區負責。此時代工企業的營運能耐就十分重要，因為生產商必須要有更有效率的生產流程和設備，更優良品質、更多元選擇的零組件供應，以及更好的供應鏈管理。因此代工企業也會從事創新以提升自己的營運能耐，也使得代工廠可能產生許多相關生產流程、零組件、製造方法與生產系統的專利。

但是代工企業和產品製造商在近年都遇到類似的發展瓶頸：也就是產品的價格不斷下降，獲利率也愈來愈低。其是這是全球製造業共同面臨的困境。特別是在代工廠的部分，如前所述，一般代工廠專長的營運能耐無法像研發能耐可以發明創造新的產品以因應競爭變革，也不能在新的市場形成壁壘作用以阻擋新的進入者，因此較難建立持續性競爭優勢。近來產業的發展有一個趨勢，就是「製造業服務化」（Servitization of Manufacturing），也就是製造業的企業為了獲取競爭

優勢，將價值鏈由以製造爲中心向以服務爲中心轉變。因爲近年全球經濟發展的趨勢，是以平台經濟爲主，例如 Google、Amazon，甚至連手機品牌 Apple、小米，都是靠平台提供服務。這樣才能創造與其他企業的差異化，建立自己的競爭優勢。

「製造業服務化」具有雙重含義：一是對製造業來說，企業本身的內部服務效率也很重要，包括人力資源、運作效率、組織管理文化等；內部服務會影響產品和過程開發、設計、後勤、員工訓練、價值鏈管理、會計、法律及金融服務等。二是與商品相關的外部服務對顧客來說愈來愈複雜，也愈來愈重要。與商品相關的服務不僅包括維護、修理和保固，還包括運輸、安裝、系統整合和技術支持；有時甚至包括融資、貸款等財務上的服務。因此製造業服務化主要是在提供硬體的商品外，也提供相關的服務。而此服務從最簡單的售後服務、維修服務，一直到提供客戶軟硬體全方位解決方案（Total Solution）；提供的方案愈完整，獲利愈高。因此競爭力不僅來源於傳統製造活動的效率，也來源於內部組織提供服務的有效率的服務。

例 8-2　製造業服務化例──台積電（TSMC）（資料來源：台積電公司網站 [11]）✒

「製造業服務化」最著名的例子之一就是半導體代工龍頭台積電（TSMC），台積電自詡爲「優異的專業積體電路製造服務公司」，因此對於服務的重視甚於一般製造公司。台積電的製造服務包括四大類：「智財聯盟」（IP Alliance）、「電子設計自動化聯盟」（EDA

---

[11] 臺灣積體電路公司網站，http://www.tsmc.com.tw/chinese/dedicatedFoundry/services/index.htm，最後瀏覽日：2017/08/25。

Alliance）、「價值鏈聚合體」（Value Chain Aggregator）、「設計中心聯盟」（Design Center Alliance）。其中「智財聯盟」是由矽智財公司，提供半導體行業最大的矽智財目錄，聯盟成員可以由台積電技術數資料來設計其 IP，並獲得 TSMC IP 技術支援團隊的支援。這可以支援每個客戶的特定設計和業務模式。「電子設計自動化聯盟」由領導性 EDA 公司組成，提供一套流程技術文件以簡化設計流程。選定的聯盟成員與台積電的設計技術服務團隊密切合作，實施台積電的設計方法和參考流程；透過 EDA 聯盟，EDA 公司可以獲得台積電的技術見解，以驗證其工具和方法。「價值鏈聚合體」在 IC 價值鏈的每個環節提供特定服務，包括 IP 開發，設計後端，晶圓製造，組裝和測試。經由台積電優越營運能耐提供的製造服務，客戶從智財利用、技術資料獲得、製程整合都能獲得解決方案。

台積電客戶關係管理的關鍵在於：不僅提供客戶必要的便利，更藉由提供客戶所需的解決方案，以造成客戶使用的慣性；更可能因為客戶使用台積電的製程資料設計自己的產品，造成客戶往後開發新產品時，會依賴台積電的資料而形成「鎖住」（Lock-In）效果。如此則能建立台積電與其他半導體公司的差異化。而台積電能提供較其他公司優異的服務，其內部組織文化、人員素質、流程管理，一直到與客戶溝通界面管理以及客戶營業秘密的保護，這些屬於營運能耐範疇的基本要素必不可少。另外由以上的內容可知，台積電的服務也包括了專利（智財）相關的服務。

二、專利與企業能耐

（一）專利與企業能力理論

前面我們說明常見的企業能力理論，包括：吸收能耐、核心能力與動態能耐。但一般而言，這三個理論是貫穿的，而且企業能力理論和專利的影響是雙向的：我們可以用企業理論說明專利的行為，也可以說明專利對企業能力理論的影響。首先我們用理論解釋企業採取的某個專利行動或策略，例如：

1. 企業必須具備吸收能耐以吸收外部知識，而吸收能耐可以借助專利中技術資訊的分析來獲得。

2. 企業中的專利相關部門的職能等於吸收能耐中提到的「守門人」，具有技術與知識傳播把關的工作。

3. 企業必須發展其核心能力，並以專利保護核心技術，這就是所謂的「策略性專利」。

4. 企業必須面臨不斷的技術變革與競爭對手專利訴訟的攻擊，因此必須具備協調／整合、學習以及轉變重置的能力。

接著我們也可以反過來，討論專利對企業能力的影響，例如：

• 從建立企業核心能力的角度來看

因為專利代表的專屬性條件可以保護技術活動中的領先性，增加由研發產生的競爭優勢；雖然並無法確認較高的專屬性能鼓勵企業的創新活動，但較少的專屬性代表較大的技術外溢，的確會減少企業在研發的投資。因此企業申請專利的目的主要是為了策略的理由，而不是僅為了專利產生的直接回報。

• 從吸收能耐的角度來看

企業必須具備吸收能耐以了解新的、外部的資訊價值並能做為商業使

用，因此吸收能耐對於企業的創新能力非常關鍵。吸收能力會影響研發的支出，Cohen 和 Levinthal（1990）主張除了學習激勵對研發開支有影響，和吸收能力有關的技術機會（Technological Opportunity）和專屬性條件（Appropriability）對企業的研發投資和意願也會有影響。

• 從動態能耐的角度來看

企業的動態能耐（Dynamic Capabilities）可用來區別企業的策略與非策略行為，其中學習、技術資產是動態能耐的其中一部分，企業的技術資產可以用智慧財產法律來保護，或是由企業保護。因此專利對於企業的動態能耐具有影響性。

但在實際討論專利與企業能耐的關係時，還可以討論企業的研發、行銷、營運三個實務面向的能耐和專利的關係。不過通常一般會認為專利和行銷能耐關聯較低，因此我們只討論專利與研發能耐和專利與營運能耐的關係。

（二）專利與研發能耐

專利和創新研發的關係一直密不可分，通常許多企業並沒有針對自己真實的技術成果寫成專利來申請。往好的方向想是提前在技術市場上超前布局，往壞的一方面想就是企業以天馬行空的方式提出概念式的專利來企圖「占圈」，想要先占先贏。當然在專利上先占先贏這樣的作法是否能夠成功？也必須視專利審查單位的把關能力而定。因此本書和 Li 等人（2007）認為專利品質和數量做為研發能耐衡量的看法稍有不同，本書認為研發能耐也可以參照在動態競爭時當市場上出現新產品，或是市場上出現明顯消費者需求時，企業提出新產品以因應競爭或回應消費者需求的能力。但這樣的標準是外界比較難以衡量的，但我們可以從該新產品是否能商業化？或商業化後給企業帶來多少營收？等議題來做概略性的企業研發

能耐評估。

（三）專利與營運能耐

許多人談到營運能耐和專利，就會聯想到專利的營運管理。其實兩者的內涵和定義是有所差異的。因為專利營運包括將專利如何商業化如授權、包裹販售、放棄權利、拍賣等，是企業專利活動的一環，而企業專利活動是企業的策略行為，涉及市場競爭者間的競爭。但此處所說的營運能耐是指企業日常一般的行動，以及執行公司各類與經營管理行為的效率。簡單的說，企業營運能耐著重在日常情況下「如何把事情做好」；而專利營運能耐則包括對專利開發和管理的策略選擇，除了「如何把事情做好」，還要「選擇做對的事」。

三、鑲嵌在部門中企業專利能耐

另一方面，我們可思考是否企業具備一種專門屬於進行專利活動而存在的能耐？這應該有兩種可能，一種是這樣的專利能耐是散布在不同部門的、相互影響的，我們可以借助「鑲嵌」的概念來說明這種情況；另一種則是最近中國許多學者提出的、企業具有的整體「專利能力」；以下我們將分別說明兩者的不同。

這裡所說的企業專利能耐（Patent Capabilities），是指分布在企業各部門關於申請、維護、營運、使用專利等企業相關能耐的總稱。企業的專利能耐是分散在各企業部門的，我們借用社會學的「鑲嵌」（Embeddedness）概念來說明這種分散狀態。我們將首先說明鑲嵌的意義，然後說明專利能耐如何鑲嵌在企業中。我們主要借用 Lopperi 和 Soininen（2005）[12] 對於知識鑲嵌和技術累積的觀念，來說明專利如何鑲嵌

---

[12] Lopperi, K., & Soininen, A. (2005)," Innovation and knowledge accumulation?

在企業部門中。

（一）鑲嵌的意義和組織知識

首先我們說明「鑲嵌」（Embeddedness）的意義和技術如何鑲嵌在企業中。「鑲嵌」是經濟學和社會學中的一個概念，原意指經濟行動或經濟、金融組織是被錯綜複雜的社會網絡中，各式強弱不一的社會關係或社會連結、社會價值跟法律規範所滲透、影響，然後產生對於經濟活動的特殊制度化過程。最早是由 Karl Polanyi 所提出，經 Mark Granovetter 進一步演繹而成為經濟社會學裡一個最廣為人知的關鍵性概念[13]。

1. Granovetter 的「鑲嵌」定義

Granovetter 關注經濟活動的社會本質問題，提出行動者在進行經濟行為時，除了自己的理性與偏好，還會受到社會人際關係中社會脈絡的制約，這就是所謂經濟行動鑲嵌（Embedded）在社會制度中。Granovetter 將社會網絡中的鑲嵌關係分為關係性與結構性兩類，其中關係性鑲嵌（Relation Embeddedness）是強調交易時成員間的信任關係；而結構性鑲嵌指在網絡整體的建構下，交換雙方可進行有效率的訊息交流，所強調的是群體的關係與機制如何影響交易關係。由於社會互動會累積文化和規章約定等，因此企業組織間關係、跨公司合作關係等網絡組織運作不能忽略社會行為的影響。社會鑲嵌論強調由於人與人間的網絡結構約束力，使得具體的社會關係以及具體的網絡關係結構能產生信任並防止詐欺。從經濟上個體自利的角度看來，在不完全競爭市場的條件下，要維持合作關係以及防範合作關係中的欺騙行為，正需要這種具體的社會網絡以提供合作關

An intellectual property rights perspective", In Sixth European Conference on Organizational Knowledge, Learning, and Capabilities, pp. 17-19.

[13] 瞿海源 & 王振寰，（2003），社會學與臺灣社會，台北：巨流，P.298。

係穩固的可能性。Granovetter 以鑲嵌理論說明企業的活動，認為企業是被鑲嵌到一個整體社會網絡的組織，因此企業行動是處於具體的社會脈絡以及其傳統規則所形塑的行動空間，因此連帶具有此社會的特性以及具有累積性的文化特性。

2.「鑲嵌」與組織知識

Granovetter 提出的鑲嵌理論，原本是做為提供企業行動者克服彼此合作間的不確定性的觀點，但我們可以將鑲嵌理論用在組織知識的研發與保存。因為通常公司的研究開發過程都不是一個人完成的，而且產業界的工程師與科學家不同，工程師不像科學家重視研究結果的展現，而在於幫助公司解決問題、開發產品以及獲取更大的利潤。而且企業組織內的知識保存也和學術界有所不同，學術界重視公開的發表與會議討論，而且必須盡量公開其資料。但企業的狀況大不相同。任何企業一般情況下都希望將知識和技術保留在公司內部，甚至是個別的專案小組中；而且知識的交流也僅限在內部小規模的會議，知識的記錄與保存可能分散在各研發記錄或私人筆記中。總之，公司一切以保護營業秘密為宗旨。因此公司的創新能力與技術知識的交流與保存，與公司文化、人力素質、研發投入息息相關。從產業界時有聽聞的「整組挖角」的工程師跨公司移動過程，可以參照得到企業研發人員的行動與知識的確是鑲嵌在組織中的。

因此，公司研發創新的技術與知識如何鑲嵌在組織中？可能決定了公司如何藉由保護公司的創新發明不被模仿，而公司也可因此獲利進而能確立競爭優勢。企業保護自有知識和發明的方法不只專利；而且在前述的章節中，我們也發現各國企業也有傾向以營業秘密保護公司智慧資產的趨勢。如此我們會問：專利是否會失去作用？而本書的觀點認為對於專利這種使用法律保護技術的方法，考量應該是多層面的，不應該偏廢任何一種

工具，而應該靈活應用。

（二）「鑲嵌」在企業中的企業專利能耐

以下我們以鑲嵌理論來說明專利在企業組織內的保存：如果只是公司發明的知識和技術，相關資訊和資料應該儲存在研發單位，或者是部分生產單位、採購單位的成員中。但如果是專利，除了上述人員，則可能必須將法律及智財相關部門人員、財務會計人員，以及管理相關層級的人員納入。因為企業專利活動是一種策略行為，負責專利的人員還必須在同一策略目標下進行策略對準，才能夠整合成讓公司專利相關的能力。而且企業要除了要保護自己生產的產品不被模仿，還要防止自己被競爭者或市場先入者控告侵權。如果因侵權而進入訴訟，屆時公司如果能有效整理出自己公司擁有的相關技術與知識，以及研發過程的確實記錄，那對訴訟將有正面的助益。此外，在企業申請專利的過程中，因為必須撰寫申請書及相關文件，並且整理企業的技術發展過程與技術內涵，如此對企業累積相關知識也有相當大的幫助。另一方面，和傳統觀點在企業競爭優勢來自可申請專利的資源，現在的趨勢則朝向由交易而獲得的收益，例如經由授權、合夥、契約、共同研發、策略聯盟等方式來獲得收益。因此我們可以得到專利和企業知識和技術本質上稍有不同，因此影響企業組織的內部網路也會不同。

四、企業專利能力

（一）企業專利能力的定義

有學者認為僅將專利視為一種資源是不夠的，而應該視為一種能力，這種能力和專利資源並行不悖、相輔相成，稱之為企業「專利能力」。許

多中國學者提出這樣的看法，例如李偉（2008）[14] 提出專利能力作為一種無形的、潛在的能力，也是一個綜合系統的能力，包括了創造、管理、保護和運用靜態的專利資源等各個方面能力。企業必須形成專利能力實現對專利資源的有效整合，才能確保企業形成持續競爭優勢。企業擁有專利資源並不一定能產生競爭能力和競爭優勢，還必須對這種資源進行充分的整合和組織，才能形成企業的競爭優勢，這就是企業專利能力。

（二）企業專利能力的影響因素

而關於專利能力的影響因素，李偉（2011）[15] 提出專利能力的影響因素包括內部影響因素及外部影響因素兩種理論假設，分別說明如下：

- **內部影響因素**

    (1) **企業人力資源配置水準**：因為良好的人力資源結構和管理將透過促進企業技術創新能力，促進企業專利能力；企業人力資源中的智慧財產權專業人員的素質將直接影響企業專利能力。

    (2) **企業家素質**：由於企業家在企業中的領導地位，企業家精神往往會轉化為企業核心價值觀，富有專利意識和創新能力的企業家會提升企業專利能力。

    (3) **企業規模**：雖然 Schumpeter 認為大企業相對於小企業創新能力更強，因此企業規模愈大則企業專利活動愈頻繁，但某些小企業與大企業相比，由於市場份額、行銷網絡、品牌等方面不具備競爭優勢，反而可能憑藉專利制度來保護自己市場競爭地位。

---

[14] 李偉（2008），「企業發展中的專利 從專利資源到專利能力——基於企業能力理論的視野」，自然辯證法通訊，30(4)，54-58。

[15] 李偉（2011），「企業專利能力影響因素實證研究」，科學學研究，29(6)，847-855。

(4) **企業創新能力**：企業研發投入研發能力等影響企業技術創新能力
　　 的因素，都將成爲企業專利能力影響因素。

(5) **企業學習能力**：企業的開發新產品，引進新技術新方法，或改造
　　 企業的組織結構、技術開等企業經營活動，都與學習密不可分，
　　 企業學習能力代表了企業資源配置與發展的活力，直接決定了企
　　 業的持續發展和持續創新能力。

- **外部影響因素**

(1) **區域經濟增長**：經濟的增長一般可以透過增加投入，擴大規模；
　　 或是依靠科技進步提高品質和效率。目前對專利看法不再局限於
　　 創造發明，而是轉向如何利用專利資源獲得利益，透過動態的專
　　 利運用促進企業成長和發展，因此區域經濟增長和專利能力相關。

(2) **專利制度和促進政策**：專利制度透過法律經濟和行政等多種手
　　 段，激勵發明創造，並保護管理和運用專利，推動技術創新和經
　　 濟發展。狹義的專利政策指專利資助政策，即對專利申請專利保
　　 護專利運用等具體專利行爲的資助，廣義的專利政策還包括對企
　　 業研發行爲的科技資助。

(3) **塑造智慧財產權文化**：智慧財產權保護意識的高低對企業專利能
　　 力有重要影響，智慧財產權保護意識可以分爲權利人和社會公眾
　　 對智慧財產權的認知，表現在了解自身智慧財產權益和尊重自己
　　 的智慧財產權；以及權利人維護智慧財產權的意識，表現在權利
　　 人採取法律手段保護自己的智慧財產權，防止自身合法權利受到
　　 他人的侵犯，尊重智慧財產權爲企業專利能力培育提供良好的社
　　 會外部環境，鼓勵企業創造和運用智慧財產權。

8.3　企業專利能耐例

一、燃燒艦船：微軟公司的專利變革

　　Marshall Phelps 和 David Kliney 在 2010 年出版的《Burning the Ships: Intellectual Property and the Transformation of Microsoft》（燃燒艦船：微軟的智慧財產及其轉型）[16] 一書描述了微軟公司的智慧財產權應用及其轉型之路，其中智財轉變帶來了與高階管理團隊的衝突。但透過一系列的故事，微軟將其策略人格特性（Strategic Personality）從壟斷改造為尊重合作夥伴。作者 Marshall Phelps 本身曾任微軟負責制裁政策和策略的副總裁，在其任期中主導了微軟的轉型。

　　微軟公司在其企業發展過程中，透過對智財的使用和保護為其獲得了巨大的利益和壟斷的市場地位，特別是在 1981 年與 IBM 的交易中保留 MS-DOS 的著作權，還有向全錄公司（Xerox）申請 Windows 界面所需技術的授權，事後都證明其遠見並為其帶來巨大的獲利能力。而微軟大部分的智財決策都有 Bill Gates 親自參與決策，包括向具有價值智財的公司進行投資；也因此微軟公司打造了全球最高水準的智財開發與運用能力，並創造了最具價值與最具競爭力的公司，而這個公司的價值來自無形資產。微軟智財部門的領導人曾說：「我們的任務是建立、保護和使用世上最有價值的智財相關產品來創造商業價值」。

　　然而在進入 21 世紀初，一方面因為在微軟公司一直在電腦領域處於防守狀態，另一方面微軟也被稱為電腦資訊行業的壟斷者，因此公司也時

---

[16] Jurgens-Kowal, T. (2010), "Burning the Ships: Intellectual Property and the Transformation of Microsoft by Marshall Phelps and David Kline", Journal of Product Innovation Management, 27(6), 930-931.

常受到反壟斷起訴和費用高昂的訴訟困擾。隨著美國政府公布的反壟斷訴訟案件，以及一系列公司的專利侵權案件訴訟後，Marshall Phelps 在 2003 年 6 月到達微軟所在地 Redmond 出任微軟智財主管。Marshall Phelps 就任後決定採用開放式創新的精神，嘗試以開放的方式開發公司尚未開發的價值，其中最大的轉變就是開放智慧財產權。因為在此同時，微軟已經認識到需要與其他公司合作，才能更有效地生產更好的產品和服務，並滿足客戶的相互操作性需求。

Phelps 和 Kline（2010）在書中說到：「如果更多公司將其智慧財產權視為商業和金融資產，而不是從競爭對手中擊敗並取得損害賠償金的訴訟俱樂部，則世界將會轉變得更好」。因此微軟首席顧問 Brad Smith 也放棄保護性智慧財產權政策而採取大量的合作策略，作者稱這樣的做法類似 Captain Hernán Cortés 船長在 Veracruz 登陸時下令燒掉己方艦船一樣（類似中文「破釜沉舟」的典故）沒有退路。透過改變微軟組織文化，並進行多個團隊的成員密切長期的適應、專利申請和授權。作者提出策略方向的改變需要整個組織的文化轉變，包括從技術、研發、企業副總裁、中間管理層以及法律部門等組織部門的成員廣泛建立這種文化，才能減少轉型的風險。

微軟的智財策略從執行辦公室延伸到所有領域，甚至鑲嵌入（Embedded）到業務部門和產品團隊。作者強調有效的智財小組應該是跨職能的：由律師、業務開發領導人、金融分析師、行銷人員，技術人員以及併購部門，及授權部門專業人士組成。經過複雜而艱難的變革後，目前微軟和全球公司簽署了數百多項專利技術和技術合作協議，包括 Apple、IBM、Nokia 等簽署的專利交叉授權協議；此外微軟還建立了一個新的智慧財產權創投（IP Ventures）部門，而由其他地區的較小型企業與研究單位負責微軟的尖端技術。

　　微軟公司的例子就是將專利的能力鑲嵌在公司各組織部門的例子，從高層團隊、技術、行銷、法律、業務等幾乎都有成員參與，這也顯示了微軟將智慧財產當作公司的資產及強調公司的能力。因此當公司決定進行轉型時，組織才能配合而取得成功。而對於微軟這樣具有高價值無形資產的公司，智財策略對公司的影響也不亞於公司的經營策略，甚至可以說智財策略是其經營策略的核心。

二、西屋公司的專利部門史

　　另一個著名的企業是美國西屋公司（Westinghouse Electric and Manufacturing Company），西屋公司是最早成立專利部門的企業之一。Nishimura（2012）[17] 回顧其在發展初期，沒有專門的研發部門，公司曾雇用一名化學家研究諸如黃銅和鋼之類的材料的問題。一直到 1902 年，Charles E. Skinner 被任命專門負責研發，然後西屋在 1906 年重整了工程部門，專利申請就開始快速增長；1910 年，該公司成立專門的研究室，包括化學和物理測試實驗室和磁性實驗室。研發機構的延伸刺激了發明人數量的和專利申請數量，此後專利申請量不斷增加。從 1886 年獲得 5 項專利到 1914 年獲得 384 項專利。

　　在公司成立的前幾年，西屋公司專利由律師事務所在紐約提出申請，然而，在 1886 年就有替公司建立專利部門的想法；到了 1888 年成立了專利部門，成員包括了事務所專利律師、美國專利局前任的審查員等。其中一名專利律師出身的專利部門主管 Charles A. Terry 成為主管公司法律和專

---

[17] Nishimura, S. (2012), The rise of the patent department: a case study of Westinghouse Electric and Manufacturing Company. London School of Economics and Political Science, Department of Economic History.

利事務的副總裁。有了專利部門後，西屋公司將專利管理內部化，幾乎所有的專利行政訴訟工作都不是由外部資源進行，而是由公司組織的部門進行，這是因為發明工程師的數量像專利代理人一樣增加，並且公司發現這對大量的訴訟是便利的。但是外部專利律師仍然負責專利管理如採購和併購、授權等，並對於技術選擇有影響力。同時由於發明人和專利申請數量的增加，專利部門也由公司其他部門獲得人才。

西屋公司的專利史中，與 Nikola Tesla（特斯拉）之間的專利交易互動過程是個很好的例子。當時公司副總裁 H. M. Byllesby 曾親訪紐約自由街 Tesla 實驗室，而公司也指示 Terry 與 Tesla 談判購買專利，並指示：「如果 Tesla 專利足夠廣泛地控制交流電機業務，那麼西屋電氣公司就不能讓別人擁有該專利。」1889 年 7 月，西屋公司和 Tesla 公司簽約，西屋公司購買 Tesla 公司專利，Tesla 公司並要為西屋公司額外服務一年。Tesla 公司長期以來一直進行交流電系統的開發，而西屋公司握有 Tesla 專利；但 GE 公司握有電氣鐵路業務必不可少的 Van Depoele 的車輛專利。因此當西屋和 GE 為了進軍鐵路產業而成為對手時，雙方同意根據其所有專利交互授權。該協議交互授權允許每家公司銷售產品而不支付授權使用費的比例為 GE 的 61.5% 和西屋為 37.5%。如果任一公司超過規定的百分比，該公司應向另一方支付授權使用費，雙方並設立了專利管理委員會來監督協議。

此次談判中，西屋內外專利律師都參與了協議過程。這表明了公司的專利相關能耐包括了公司內外部的資源，而且外部專利律師與公司有著長久合作關係，並且能為公司的技術方向選擇發揮影響力。

第九章　專利與企業經營策略 ──創新與知識觀點

　　許多研究和實證說明，創新是維繫企業競爭優勢和永續經營最重要的基礎，因此本章要討論創新對企業經營的關係。在現代企業中，企業的創新已經由資源基礎轉為知識基礎，因此知識的生成與轉移對企業而言密不可分。而對創新理論而言，三螺旋理論對國家和產業的知識創新非常重要，其中大學扮演了重要的角色。而專利和知識與創新也是環環相扣，企業依靠專利保護知識並做為知識交流的保障；而專利透過知識累積協助企業創新。專利法本身對於企業和產業的影響也很顯著，本章將以歷史經驗和印度製藥業的例子來說明。

　　本章的內容包括：

- **創新理論**：Schumpeter 之後的創新理論、創新的分類、持續創新、開放式創新。
- **知識與創新**：知識的創造與和創新的關係、企業的創新──從資源基礎轉向知識基礎、企業如何進行知識創新：三螺旋理論、大學的知識創新功能。
- **專利與創新**：專利法如何促進創新？專利如何帶動創新？專利與持續創新。
- **專利與企業創新例──印度製藥產業**。

9.1 創新理論

一、Schumpeter之後的創新理論

（一）Schumpeter 與創新理論的發展

關於創新，眾所周知的是 1930 年代奧地利經濟學家 Joseph A. Schumpeter（熊彼得）首先提出關於創新的概念。他從技術創新與經濟發展的關係出發，提出創新就是要「建立一種新的生產函數」，而這種生產函數就是把生產要素重新進行組合；然後再把這種生產要素和生產條件的新組合引進生產體系中。而其中把新組合引進生產體系的關鍵人物就是「企業家」，企業家的職能就是要引進「新組合」並實踐企業中的「創新」。至於實現「新組合」的目的則是獲得潛在的利潤，而經濟發展就是不斷創新的結果。Schumpeter 也指出「創新」的五種情況，包括：採用新的產品、採用一種新的生產方法、開闢新的市場、掌握新的材料供應來源、和實現新的組織。本書在第三章中已做了相關的說明，接下來則簡單說明 Schumpeter 之後的創新理論發展。Schumpeter 的對創新的觀念，後來逐漸衍生出一個新的經濟學領域：「創新經濟學」（Innovation Economics）的領域，「創新經濟學」雖然非常廣泛，但其理論主要包括兩大主流：「技術創新理論」和「制度創新理論」。其中關於技術創新理論的研究又分為新古典學派、新 Schumpeter 學派、制度創新學派和國家創新系統學派等四個學派，其中新古典學派和國家創新系統學派提出的主要理論在技術創新領域中最為人所知。

（二）從「技術創新」到「制度創新」

在「技術創新理論」領域中，新古典學派經濟學家 R・Solow（索羅）在 1957 年提出的《技術進步與總生產函數》一文中，指出技術進步對經

濟增長所作的貢獻，並說明技術創新是經濟增長的內生變數，也是經濟增長的基本因素；但技術在帶來創新收益的同時，也受到非獨占性、外部性等市場失靈因素的影響，而適當的政府干預可促進技術創新。而在現實中，自 1950 年代以後，隨著電子科技的發展，帶動了許多國家經濟的高速成長，這也一定程度的驗證了技術創新理論的有效性。另外，英國的經濟學 Christopher Freeman（弗里曼）和美國經濟學家 Richard Nelson（尼爾森）等學者提出技術創新不僅僅是企業的孤立行為，而是由「國家創新系統」（National Innovation System, NIS）推動的。所謂「國家創新系統」是指國家內各有關部門和機構間相互作用形成的推動創新的網路系統，網路中的主體包括企業、負責投資和規劃的政府機構及相關機構，如負責基礎學科與知識研究的學校和研究單位等。各個主體透過國家制度與政策的安排及其相互作用，推動知識的創新、引進、擴散和應用，使整個國家的技術創新取得更好的績效。因此參與國家創新系統各個主體都可能影響創新資源的配置，而其效率也影響創新效率的成敗。支持此一理論的學者通常被稱為「技術創新的國家創新系統學派」，而最明顯的例子來自日本企業的創新過程，透過國家在推動技術創新中的作用，使日本企業在原本技術落後的情況下，透過不斷的創新而成為技術大國。

另一方面，在 1960 年代後期，許多學者陸續重視到企業與環境調適的問題，特別是組織制度必須去適應環境，為了保證企業持續成長，必須進行組織的制度創新。例如美國經濟學家 D. North（諾思）和 Lanc E Davis（戴維斯）在《Institutional Change and American Economic Growth》（制度變遷與美國經濟增長）一書中提出了「制度創新理論」的概念，認為科學技術進步雖然重要，但真正經濟發展的關鍵因素的是制度，包括產權所有制、分配、機構、管理、法律政策等。透過世界上富有國家和貧窮國家的制度比較認為，貧富差距主要的原因在於制度，而制度是促進經濟

發展和創造財富的保證，若社會現有制度已不能促進發展實，就應該進行制度創新以推動制度變遷。

（三）技術創新的模式——從線性模式到網路模式

關於技術創新的軌跡，早期受到 Schumpeter 的影響，認爲創新研發的過程是發明、開發、設計、測試、生產、銷售一步一步依序進行的過程，被稱爲「線性模式」；但後來研究發現外部資訊和技術知識對研發創新活動具有影響，因此研究者開始關注研發過程中企業與外部環境的聯繫和互動，因此形成了「網路模式」的觀點。而前述「國家創新系統」和「區域創新系統」，正是網路模式的應用。研究顯示創新網路的成效跟創新主體的空間分布有關聯性，因爲鄰近地區的人員流動和知識流動都較容易，有助於對創新網路的支持。而且區域創新階段與產業群聚的形成有很大的關聯，特別是有關於政府、企業、學校等產官學三方的協調合作，才能推進國家或地區的創新。

（四）技術創新理論與專利

在技術創新理論中，和專利有關的就是創新的發展與驅動，其中產官學界的合作十分重要；特別是在技術授權與合作研發上，如何能有效交換技術知識，又使技術所有權人能保障自己的權益，最好的方法是求助於法律的契約保護。而專利是其中的關鍵，透過專利的授權使用、共同開發與使用、轉移等，比較能有效規範各方的權利義務，這些是其他智慧財產保護方式如營業秘密等所無法替代的，也是專利存在的重要理由之一。

二、創新的分類

關於創新的分類，自 Schumpeter 以來一直是許多研究者有興趣的課題，除了 Schumpeter 提出的五種創新外，後續陸續有關於產品創新、設

計創新，漸進式創新與激進式創新等分類方式。本章將以 Henderson 等人（1990）[1] 提出的著名的分類法來說明創新的分類，因為 Henderson 等人（1990）的分類法對我們理解專利的要件如新穎性、進步性有所幫助。

（一）Schumpeter 的創新分類觀點

Schumpeter 關於創新的分類，是從創造性破壞的觀點出發，認為應該依據公司的能力，區分出不同的創新種類。Schumpeter 將創新分為兩方面，一方面是零件創新的影響，另一方面是不同零件結合造成的影響。從以上的觀點出發，Henderson 等人（1990）認為激進式創新（Radical Innovation）是建立的新的核心設計，並將其概念具體化表現在零件上，再結合成新架構。而漸進式創新（Incremental Innovation）則是提升與延伸既有的設計，基於核心設計概念改善個別零件，其核心設計概念與零件的結合方式保持不變。

Henderson 等人（1990）說明零件是將產品進行分解後的各部分、能具備核心設計概念、以執行原有設定的功能。舉風扇為例，風扇的零件包含葉片、馬達等。馬達的設計目的是為了提供動力並使風扇運轉。動力來源包括很多種設計概念，電力馬達是其中一種。為了完成核心設計概念，整個產品架構負責安排零件如何一起運作，因此風扇的架構及零件創造了空氣流動系統。而成功的產品開發需要兩種知識，零件知識（Component Knowledge）與結構知識（Architectural Knowledge）。零件知識為每個核心設計概念與實際執行到每個零件上。結構知識的用處是將零件整合、連結在一起而成為一體。

---

[1]　Henderson, Rebecca M.; Clark, Kim B (1990), "Architectural innovation：the reconfiguration of existing product technologies and the failure of established firms", Administrative Science Quarterly, 35, 1.

（二）架構式創新

Henderson 等人（1990）另提出模組式創新（Modular Innovation）和架構式創新（Architecture Innovation）的概念，並特別強調架構的創新。其中模組式創新是指改變了核心設計概念，但核心概念與零件結合不變，也就是產品架構不變；如數位電話替代類比電話，只是改變了部分模組，但核心概念由類比訊號的傳輸變成數位訊號的傳輸。Henderson 等人（1990）特別強調架構式創新，這是一種改變產品架構，但核心設計概念不變的創新。架構式創新的本質是零件結合重新配置。架構式創新常導因於零件大小或附屬設計特徵改變等，因此產生新的產品零件連結。Henderson 等人（1990）認為如過以傳統的方式區分創新類型時，這類創新比較接近激進創新。而關於各類創新對企業的影響，Henderson 等人（1990）認為漸進式創新基於既有的架構及零件知識，因此強化公司競爭地位；激進式創新毀壞既有能力開創新的挑戰，結構創新則因知識不確定而提供難捉摸的挑戰。詳細的比較請見表 9-1。

表 9-1　創新類型的比較〔Henderson 等人（1990）〕

		核心設計概念	
		Reinforce（加強）	Overturn（顛覆）
核心概念與零件結合	Unchanged（不變）	漸進式創新	模組式創新
	Change（改變）	架構式創新	激進式創新

（三）架構式創新對企業產生的影響

Henderson 等人（1990）認為架構式創新對企業會產生實質影響，因為：

• 組織需要很多時間及資源去認定架構式創新，因為結構創新是容

納在舊的架構內，不像激進式創新要進行新的學習模式及新的技能。雖然架構式創新核心設計概念不變，但組織卻可能誤以爲要了解新的技術。例如風扇公司的馬達與風扇葉片設計師互相討論時，可能討論得出錯誤的概念結論，而此錯誤一直到出現重大錯誤後才發現。

- 組織面對威脅時會依賴舊有架構及舊有結構知識，當組織認清現在的創新是架構式創新時，必須快速建立與應用結構知識。所以組織必須花時間與資源，再學習新的架構。但組織轉換方式可能是有困難的，因此又要建立新的結構知識。很多組織發現要變革是很困難的，對新進者較容易建立組織彈性，以拋棄既有的結構知識並建立新需要。

（四）專利與創新類型

如果我們討論創新的類型與專利的「新穎性」與「進步性」之間的關係之間的關係，可以得到以下的推論：

- 激進式創新可能較易符合專利的新穎性。
- 漸進式創新可能不易符合專利的新穎性，但是否符合進步性要以其與先前知識技術特徵的差異程度而定。
- 模組式創新改變了核心設計概念，核心概念與零件結合不變，這與專利審查中強調的元件結合關係改變要求不同，除非能產生無法預期之功效，否則不易符合專利的進步性。
- 架構式創新改變產品架構，但核心設計不變，因此當元件的關係改變時，發明人較易主張其發明具有進步性。

三、持續創新

　　創新的另一個重要課題是「持續創新」（Sustainable Innovation），也就是創新者要根據創新再繼續創新。關於企業達成創新持續性，主要有以下途徑：第一種是動態規模經濟假設（Dynamic Scale Economics Hypothesis）：主要在研究產品創新的知識累積造成正回饋而組成的學習效應（Learning Effects），及產品的創新和規模經濟的關係。知識累積的假設在於創新經驗和動態增加的報酬相關：包括由做中學（Learning-by-Doing）和由學習到學習（Learning-to-Learn）。企業藉由小規模改進累積的知識探索學習程序和由重組知識來進行創新，而且過去的研究創新影響了現在的創新。這稱爲動態增長報酬（Dynamic Increasing Return）假設，動態增長報酬假設在小企業間較爲適用。

　　第二種研究途徑研究發明創新與獲利之間的關係，稱爲成功孕育成功（Success Breeds Success）假設：企業透過成功的創新比其他企業取得較多「鎖住」（Locked-in）效應上的便利，使得創新能回饋在獲利上，後再將利潤進行創新投資。有研究證明持續創新對產業的效能具有正向影響，進行系統性創新的企業平均而言較能獲得利潤，並有較強的動機進行創新並再獲得利潤。而比較發現，持續創新者和非創新者間的獲利差異比創新者和非創新者間的差異更大。

　　第三種研究途徑稱爲研發沉沒成本（Sunk Cost in R&D）假設：研發沉沒成本途徑認爲企業在研發的過程及保護創新的過程中投入了許多資源，包括人力和資本；這些資本可能用來建置實驗室、做爲實驗的支出、人事成本以及申請和維護專利的費用。研發實驗室的活動成爲公司策略重要成分，且創新成爲公司日常運作的穩定元素。沉沒成本影響了研發支出的連續性，當研發支出成爲創新的驅動力，先前的持續性引導了目前創新

的持續性，沉沒成本也代表了企業進入研發活動的障礙。

四、開放式創新

（一）什麼是「開放式創新」？

開放式創新（Open Innovation）的概念是由美國加州大學柏克萊分校教授 Henry Chesbrough 於 2003 年所提出，他認爲企業應該善用內部及外部的知識與創新的資源，並賦予他們更高的價值。Chesbrough（2006）[2] 在 2006 年整理回顧了開放式創新的概念，他認爲長久以來，成功的公司被認爲比競爭對手進行更多的內部研發，他們也聘請了最好的員工，因能夠發現最好和最多的想法，這使他們能夠首先進入市場，然後獲得大部分的利潤。他們透過積極地使用智慧財產權保護來防止競爭對手的利益，然後，再將獲得的利潤再投資進行更多的研發，從而帶來更多的突破性發現，創造出創新的良性循環。Chesbrough 稱此模式爲「封閉式創新」（Closed Innovation）。封閉式創新爲美國企業帶來良好發展和科學技術上的進步，例如 Thomas Edison（愛迪生）發明了留聲機和電燈泡，DuPont（杜邦）公司的中央研究實驗室合成了纖維尼龍，貝爾實驗室的研究人員發現許多的物理現象並創造了許多革命性的產品，包括電晶體和雷射等。然而 Chesbrough（2006）認爲到二十世紀末，美國封閉式創新的基礎已被削弱：包括知識型員工的數量和流動性急劇上升，使公司愈來愈難以控制自己的專有思想和專長；以及私人創投不斷增加提供資金並將發明商業化，有助於企業跨出研究實驗室孤島而成爲新公司。

Chesbrough 認爲這些因素嚴重破壞了持續不斷創新的良性循環：原

2　Chesbrough, H. W. (2006), "The era of open innovation", Managing innovation and change, 127(3), 34-41.

來資助技術創新的公司並沒有從投資中獲益，而獲利的公司也沒有將其收益重新投入到開發下一代技術中。新的狀態是公司可以透過現有業務以外的管道將內部想法商業化，從而為組織帶來價值；而完成這項工作的途徑可以包括新創業公司或技術授權協議。此外，新構想也可以來自公司自己的實驗室並加以商業化。換句話說，企業與周邊環境之間的界限不局限在封閉的狀態而是更加多樣化，使創新能夠在公司內部和外部之間輕易的流動。Chesbrough 稱這個新的模式為「開放模式創新」（Open Innovation）。Chesbrough 比較封閉式創新與開放式創新的特點如表 9-2 所示。

表 9-2　封閉式創新與開放式創新的比較〔Chesbrough（2006）〕

	封閉式創新	開放式創新
人力資源	找聰明的人來為公司工作	從外部尋找知識和專業人例來協助公司
利潤	從自行研發中獲得利潤	外部研發和內部研發都創造價值
市場化	公司自己揭露自己組織	公司不須為了獲利而自己揭露自己組織
商業模式	先占優勢可贏得勝利	建立較佳商業模式比先占優勢好
贏家模式	創造最好的點子可贏得勝利	將內外部的點子做最好的使用可贏得勝利
智慧財產權	控制智慧財產權使競爭者無法從我們的點子獲利	應該從公司的智慧財產權其他使用方法獲利，智慧財產權要進化成商業模式（如透過授權協議、合資企業等）

（二）「開放式創新」中的智慧財產權

在關於開放式創新的智慧財產權使用方面，Chesbrough（2012）[3] 舉 Dow（陶氏）化學和 Procter & Gamble（寶鹼）公司為例，陶氏化學有過半的專利未被使用，而寶潔公司的專利中不到 10% 的專利是被自己的業務利用。而在開放式創新中，智慧財產權代表著一種新的資產，可以為當前的業務模式提供額外的收入，本身也可以成為新業務。Chesbrough（2012）認為開放式創新意味著當不符合自己的商業模式時，公司應該是智慧財產權的主要賣家；和當外部 IP 適合其商業模式時，公司應該是積極的智慧財產權買家。Chesbrough（2012）建議公司應該常常評估其專利利用率，至少有一個業務實際使用了這些專利中的多少百分比？而答案中通常百分比相當低，約在 10% 到 30% 之間，這意味著 70～90% 的公司專利不被使用。

9.2　知識與創新

一、知識的創造與和創新的關係

關於知識的生成，最著名的理論就是野中郁次郎（Ikujiro Nonaka）教授於 1989 年《知識創造的企業》的著作中提出的知識螺旋（Knowledge Spiral）的原理，該原理說明知識在組織內部，經由幾種活動的運作與循環，可有效地擴大個人與組織的知識範圍。

（一）知識的創造

對於組織內部知識的產生，野中郁次郎認為西方的企業不注重內

---

[3] Chesbrough (2012), Open innovation: Where we've been and where we're going", Research-Technology Management, 55(4), 20-27.

部知識的產生，因為它們將組織視為資訊處理機制。因此不論是資料
（Data）、資訊（Information）、知識（Knowledge），都被視為「資
料」。但事實上，組織內部的知識才應該是經營的重點。Nonaka 把
知識分為兩類：內隱知識（Tacit Knowledge）和外顯知識（Explicit
Knowledge），分別說明如下：

- **外顯知識**：指以文字和數字表達的、已被文件化的知識，例如：
  書面文件、電子檔案、電腦程式、影像圖片、聲音等相關知識載
  體，也常被稱為「編碼知識」（Coded Knowledge）。外顯知識容
  易保存、複製與分享，也可藉由具體的資料、標準化程序來溝通
  和分享。

- **內隱知識**：指企業成員的經驗、技術能力、文化、習慣、溝通模式
  等知識，是比較難以模仿與移轉的知識，也往往是企業競爭力的
  重要來源。

如果把知識區分為個人和組織層次，再配合「外顯知識」、「內隱知
識」的分類，則整個企業的知識可以分為「個人外顯知識」、「個人內隱
知識」、「組織外顯知識」、「組織內隱知識」四大類。而所謂「知識的
創造」則是經由此四大類的互動而得。

（二）組織知識創造

野中郁次郎提出知識螺旋原理以說明組織的知識創造，主要認為組織
內部經由幾種活動，有效地擴大了個人與組織的知識範圍。野中郁次郎認
為組織中知識螺旋的運作，讓前述四種知識得以有效交互移轉與創造。而
知識螺旋的運作，取決於以下列四股力量：

- **社會化（Socialization）**：主要是人與人間的知識分享，促成內隱
  知識和內隱知識的交流；社會化可透過非正式互動建造新的內隱知

識。

- **外部化（Externalization）**：是指員工透過有意義的交談具體表達內隱知識，因此將內隱知識轉變成外顯知識；外部化通常是比較正式的溝通或互動，如專家訪談。

- **結合（Combination）**：是指將具體化的外顯知識和現有知識結合，以擴大現有知識基礎；包括收集、編輯、整理、整合現有的外顯知識並傳播新知。

- **內部化（Internalization）**：指員工學習新的知識，特別是將外顯知識變成員工自己的內隱知識；透過吸收、體驗，並將外顯知識轉化為個人持有的內隱知識。這可以透過經歷或如試誤的活動完成。

Nonaka 提出以上知識的互動有四種不同的轉換模式，稱為「知識的螺旋」，這四種模式包括：

- 由內隱轉換成內隱。
- 由內隱轉換成外顯。
- 由外顯轉換為外顯。
- 由外顯轉換成內隱。

（三）組織知識創造與創新的關係

Schulze 和 Hoegl（2006）[4] 基於 Nonaka 的四種組織知識創造模式，研究其與知識創造與組織創造新產品創意的能力」間的關係，得到以下結論：

- **社會化與產品創意的新穎性呈正相關**：因為眾多參與者參與討論可

---

[4] Schulze, Anja, Hoegl, Martin (2008), "Organizational knowledge creation and the generation of new product ideas: A behavioral approach", Research Policy 37, 1742–1750 (11/27).

以產生火花，並將火花集合成創意點子。

- **外部化與產品創意的新穎性呈負相關**：如果要對顧客（使用者或消費者）進行知識外部化，如利用詢問購買者描述潛在未來產品、或對產品進行創意發想通常是不可行的。最簡單的邏輯是客戶通常習慣於現在的狀況，很少思考新的解決方案。

- **結合與產品創意的新穎性呈負相關**：因為組織對外部知識如產品規格、手冊中的知識的收集、編輯、分類、整合會產生系統性知識，但系統性知識不容易產生創意。

- **內部化與產品創意的新穎性呈正相關**：吸收現存知識並創造新的內隱知識，經由內化以支持新穎產品創意的產生，例如產品創新者可以對顧客想法感同身受，體會顧客所處環境，以顧客角度想像產品的使用、感受發展過程可能會遇到的問題，以及潛在問題解決辦法。

二、企業的創新——從資源基礎轉向知識基礎

目前企業的創新從資源基礎轉為知識基礎，Chaturvedi 等人（2007）[5] 研究印度的製藥產業及其策略，強調策略被定義為內部資源與技能之間的組織匹配，以及外部環境造成的機遇和風險。Chaturvedi 等人（2007）認為傳統資源基礎觀的策略要公司在不確定的情況下建立競爭優勢，並尋找現有和新的企業特定能力；但新的創新管理觀點認為，應該將知識作為企業核心競爭力和研究創新的關鍵資源。愈來愈多的企業將知識能力和知識管理視為公司關鍵資源，因此企業的研發功能重點轉移到研發工作的策略

---

[5] Chaturvedi, K., Chataway, J., & Wield, D. (2007), "Policy, markets and knowledge: strategic synergies in Indian pharmaceutical firms", Technology Analysis & Strategic Management, 19(5), 565-588.

與總體業務目標之間的整合。

　　而 Chaturvedi 等人（2007）從以上的角度來看印度製藥產業，提出存在以下的變化：

- 因爲對於知慧財產權的保護要求和《與貿易有關的智慧財產權協議》（TRIPs）的新政策發展，增加外部不確定性，因此企業策略偏重內部資源和能力。
- 企業的現有技術和知識基礎包括以往遵循的軌跡和創造的能力，是決定增長和創新方向的關鍵因素；因此知識成爲最有影響力的資源。
- 案例研究分析顯示，印度製藥產業的企業策略從 20 世紀 70 年代純粹基於靜態的資源基礎觀，轉變爲動態的知識基礎觀。

三、企業如何進行知識創新──三螺旋理論

　　關於知識如何趨動產業的創新？Henry Etzkowitz 引用生物學中 DNA 螺旋結構，提出使用三螺旋模型來分析政府、產業和大學之間創新的關係。三螺旋模型的主體是三個部門：大學和其他相關知識生產機構；產業部門包括創業公司、大型企業集團和跨國公司；政府部門包括地方政府、區域性的機構、國家機構以及跨國的機構等不同層次。這三個部門的功能是進行傳統的知識創造、財富生產和政策協調；但透過各部門間的互動與交疊會產生創新的動力，並能將知識轉化爲生產力，然後推動創新螺旋上升。從螺旋的細部結構來看，在一個創新系統中，知識在三大領域內流動：

- 三方各自的內部交流和變化。
- 一方對其他兩方方施加的影響，這是兩兩交疊與互動。
- 三方功能的重疊形成的混合型組織，可滿足技術創新和知識傳輸

的要求。

三螺旋理論認為，產官學三方應當相互協調，以推動知識的生產、轉化、應用、產業化以及升級，並促進新知識的產生及創新系統的動態提升。其中最重要的是產官學的合作關係，而且認為在公有與私有、科學和技術、大學和產業之間的邊界是流動的。

四、大學的知識創新功能

（一）大學在三螺旋理論中的角色

在三螺旋理論中大學扮演重要的角色，透過資源基礎理論可說明大學技術轉移活動。由於不同大學資源的差異性，使大學技術轉移活動產生異質性，具體表現為不同的大學有不同的技術轉移活動績效。大學的教師水準、實驗室設備等與大學研發投入直接相關的指標，對大學學術水準和大學核心競爭力有關，所以大學的獨特資源之一就是獲得研發投入資源的能力。由於大學是社會創造知識的重鎮，因此大學的技術轉移將是驅動社會創新及三螺旋的主要動力。關於技術轉移的定義，根據 Seaton 等人的定義（Seaton, Cordey-Hayes, 1993）[6]：

技術移轉是將概念、知識、裝置、各種物品由領先的企業、研發組織及學術研究機構移轉至工業與商業中，進行較為有效的應用，以及提倡技術創新的過程。

因此技術轉移的主體是企業、研發組織及學術研究機構，技術轉移的

---

[6] Seaton, Roger AF, and M. Cordey-Hayes, (1993) "The development and application of interactive models of industrial technology transfer", Technovation 13.1: 45-53.

客體則包括概念、知識、裝置或成品等。美國於 1980 年 12 月透過了拜杜法案（Bayh-Dole Act），改變聯邦政府將政府補助的研發成果歸屬國有的政策，允許學術機構擁有研發成果的專利權，因此學術機構得以專屬授權的方式將其專利權授予民間企業。我國於民國 89 年 12 月，也透過《科學技術基本法》，大幅放寬學術和研究機構將技術轉移給民間企業的限制，以期能活化政府機構或政府補助研究的成果，並促進國家的經濟成長。

　　至於大學的資源和技術轉移，學校中「明星」教授對技術轉移工作具有重要影響，因為研究能力較強的老師有更強的技術轉移動機和需求；因此學校技術轉移工作與該學校具有高研究能力教師的數量相關。而大學技術轉移也是持續性的工作，因此具有較高技術轉移金額的學校具有較大的優勢。最重要的是，學校的不同資源稟賦決定了各學校獨特的性質，並認為這構成了學校技術轉移能力的基礎。

（二）大學的技術轉移——以英國為例

　　饒凱等人（2011）[7] 說明英國大學的技轉狀況，在組織上形成了兩個層級的大學技術轉移組織對技術轉移活動進行管理，包括：

• 大學技術轉移中心

　　英國多數大學都成立了大學技術轉移中心，以便對技術轉移活動進行管理。大學技術轉移中心形成了遍布英國全國各地的技術轉移網路，英國大學技術轉移中心所涵蓋的職能和工作人員與自身發展程度各不相同。在運作方式上，英國各個大學技術轉移中心並非以統一的運作模式進行構建，因此大學技術轉移中心的職能也各不相同。絕大多數的英國大學技術

---

[7] 饒凱，孟憲，飛陳綺，（2011），「英國大學專利技術轉移研究及其借鑒意義」，中國科技論壇，(2)，148-154。

轉移中心有能力尋找授權對象直接進行授權契約活動。而在專利申請方面，大約三分之一的英國大學技術轉移中心自行從事專利申請，但是多數英國大學技術轉移中心還是將專利申請外包進行。另外英國大學還提供包括企業技術需求分析、專利的技術經濟分析、風險資本投入、技術轉移諮詢等，形成配合整個技術轉移過程的技術轉移服務鏈。

• **國家技術轉移協會**

在國家層級對各大學技術轉移中心進行系統的培訓和指導，以協助提升各大學技術轉移中心的運作效率。甚至英國大學根據技術轉移活動的不同方式，成立了兩個不同的全國技術轉移協會以便對大學技術轉移的不同側重點進行專業化管理。

英國大學的技術轉移中心多數能在財務方面自主，饒凱等人（2011）說明英國大學的技術轉移收入來源：英國大學的技轉收入主要可以透過專利技術授權契約獲得，而且從 2004 年起便不考慮轉讓、衍生企業股權等其它收益；因為英國大學僅透過專利技術許授權契約的收益就完全可以彌補智慧財產權保護的成本，並還有可觀獲利。而從大型企業獲得的專利技術轉移授權收入約為從中小企業獲得的專利技術轉移授權收入的兩倍。

9.3 專利與創新

一、專利法如何促進創新？

Moser（2005）[8] 的研究以 19 世紀的例子探討了專利法如何影響了創新。Moser（2005）整理了前人的研究：首先早期的研究者的調查顯示發

---

[8] Moser, P. (2005), "How do patent laws influence innovation? Evidence from nineteenth-century world's fairs",The American Economic Review, 95(4), 1214-1236.

明人的發明動機是來自對利潤的預期，早在 1950 年代 Zvi Griliches 以接受雜交玉米的創新擴散地理模式證實了以上的說法。而在 1960 年代 Jacob Schmookler 提出美國鐵路設備的美國專利數量，會隨著設備銷售後一段時間增加的事實，來說利潤對創新激勵的重要性。而本書前面的章節也曾經提到 William Nordhaus 在 1969 年的研究和後續其他實證上的研究也證明專利法對創新激勵功能。但對於專利本身如何激勵發明？例如是否專利保障的技術範圍大小可以作爲激勵發明的誘因？卻沒有研究可以證明。但相反的，也有研究者對專利激勵發明的功效提出懷疑，因爲專利的累積性可能讓專利權阻礙了後進者發明的機會。

（一）專利法對技術方向的影響

　　雖然多數的研究者認知專利對發明激勵的影響，但 Moser（2005）認爲以往的研究缺乏專利對於技術變遷（Technical Change）方向的影響性。特別是 Moser（2005）以經濟史來佐證：創新往往集中在一小部分行業和國家，而這種差異有助於確定各國經濟增長率的差異。德國對化學創新的關注使德國能夠將英國替代爲 19 世紀後期的工業領袖，美國的增長率在 20 世紀初超過歐洲，因爲美國的創新主要集中在機械的節省勞動力的創新上。Moser（2005）因此提出專利法對技術變革方向的影響，並假設發明激勵會隨著壟斷權力的強度而增加。在 19 世紀時歐洲流行博覽會，Moser（2005）認爲博覽會的展覽資料研究對評估產業發展和 19 世紀專利十分重要。另一方面，Moser（2005）提出 19 世紀中期各國的專利法有很大差異，而專利權人對法律依賴多於經濟考量，而且著重在國內的專利法。

（二）歷史資料的來源與分析

　　1851 年 5 月 1 日至 10 月 15 日，在英國的倫敦海德公園舉行萬國

工業博覽會（Great Exhibition of the Works of Industry of all Nations），主要展示世界的文化與工業科技。展覽地點是當時英國的建築奇蹟水晶宮（The Crystal Palace）。來自展覽的資料顯示，有超過 6000 項英國和美國有專利和無專利的創新，可以衡量各產業和各國專利傾向的差異。Moser（2005）說明這些資料顯示，發明家的專利在不同產業的差異超過在不同國家的差異，例如在英國，有九分之一的創新已經獲得專利，而美國約八分之一。然而獲得專利比例在兩國的不同產業有很大的差異，從已經獲得專利的創新份額來計算，專利獲得比率在紡織品中約 7%，食品加工業約 8%，科學儀器設備約 10%，製造機械、引擎和其他類型機械約 20%。而這些產業的差異在英國和美國幾乎是相同的。所以專利獲得比率的差異在各行業的差異大於不同國家。

（三）有專利法與無專利法國家的差異

另外，國家有沒有專利法對於創新的影響，也和產業差別有關。當時有些沒有專利法的國家如荷蘭，廢除專利法後在某些領域如食品加工方面的創新份額從 11% 上升到 37%；其他沒有專利法的國家，在紡織品、和食品加工方面的整體創新份額也有較大的份額。Moser（2005）較詳細的描述了各行業的專利和發明的關係，像瑞士 20% 的創新與染料有關；而瑞士染料技術依賴專業知識，而不是專利。食品加工業的創新份額在沒有專利法的國家是 13.5%，而有專利法的國家只有 9%。機械產業卻相反，在有專利國家的創新份額約 11.4%，沒有專利的國家只有 8.8%；但在製造業和農業機械的創新份額卻較小。這說明了各行業的創新和專利法的關係是不同的。從各國的細部資料來看，英國和美國的創新集中在依賴專利保護的引擎和製造設備上，而瑞士發明家專注於即使在英國和美國也不易獲得專利的創新：例如一些不具新穎性的習知的工具上。另一方面，從國

家條件來看，人口和平均國內每人生產總值是對產業創新活動有重要影
響；在教育方面投入更多的國家在 19 世紀高科技工業如化學和科學儀器
方面的創新份額也較大。

最值得注意的，Moser（2005）特別敘述了荷蘭的情形：因為國際貿
易發展迅速，自由貿易主義興起，在荷蘭專利制度被批評是有礙自由貿
易的壟斷保護，因此荷蘭在 1869 年廢除了專利制度。在放棄專利法之
後，荷蘭食品加工業從 1851 年至 1876 年間，創新的比例從 11% 上升到
37%，取代了紡織品成為創新最突出的部門。而在紡織品創新的重點從染
料轉向製造機械和批量生產後，荷蘭的紡織品創新的份額比例從 37% 降
至 20%。隨著機械化和機械化成為製造業的核心，製造業的創新份額比
例也從 26% 下降到了 12%。與此同時，隨著創新性質的變化，儀器設備
製造領域的領先地位從一個沒有專利法的國家轉向了採用強大專利制度的
美國。

（四）Moser 的結論——專利法影響創新技術發展

Moser（2005）由歷史資料實證檢驗了專利法對技術變革方向的影響，
資料顯示專利法影響創新活動的方向，其結論是：

- 在 19 世紀，沒有專利法國家的創新者集中在科學儀器，食品加工
  和染料等行業。
- 專利較少的國家的發明家傾向於避免製造業和其他機械的創新，
  因此在製造業方面失去了早期的領先地位。

Moser（2005）的研究結果可能有助於解決如何確定創新方向上的爭
論，前述的資料表明：專利法有助於透過影響跨產業發明的激勵來塑造創
新的技術發展方向。Moser（2005）認為由他的研究可以看出專利法對於
全球經濟變化的影響在於：

- 引入強有力的專利法可能會引發發展中國家創新活動方向的變化，並啓動國際間比較優勢模式的重大變化。
- 19世紀初採用強有力的專利法的決定，可能鼓勵了美國關注製造機械的創新發展，促進本世紀末美國的經濟增長。

但有些學者認爲，現在的狀況與19世紀的美國不同，如果開發中國家必須直接與已開發國家做創新的競爭，發展中國家推出專利法的規定可能會減緩而不是加速經濟增長。強大的專利法只有在鼓勵與已開發國家發明技術不同的技術領域下進行創新，才有利於開發中國家。然而，Moser（2005）認爲如果調和世界各地的專利法，可能會減少而不是增加開發中國家與已開發國家之間創新方向的差異。

二、專利如何帶動創新

（一）專利透過知識累積導致創新

在企業創新的過程中，知識的累積是十分重要的；除了漸進式的創新，激進式的創新其實也和發明者累積和引用外部的技術知識相關。而專利是創新研發的成果，也是技術知識的重要文獻；更重要的是，專利的資料庫其實也是技術變遷過程與技術路徑最完整的記錄。因此在創新過程中，專利到底扮演怎麼樣的角色？這對企業的研發管理與專利營運都有相關，因此也是我們該關注的。Lopperi和Soininen（2005）[9]在2005年提出了相關的研究。本章接著將說明該研究帶給我們的訊息及啓示。

---

[9] Lopperi, K., & Soininen, A. (2005), "Innovation and knowledge accumulation? An intellectual property rights perspective", In Sixth European Conference on Organizational Knowledge, Learning, and Capabilities, pp. 17-19.

• 創新發生的機理與技術的定義

　　首先我們必須先了解創新發生的機理，在早期關於創新和技術變遷的研究中，指出了三個最常見的創新發明發生之處：在非營利的研究機構或學術機構、在以營利爲目的的公司，以及在個別發明人的頭腦中。但有學者提出也有可能會由企業彼此互動產生交互作用而產生「集合發明」（Collective Invention）。而在專利實務上，我們也不能忽略「非專利實施體」（NPE）、「發明公司」等現存的技術創新或以專利申請與營運爲目的的公司。發明創新的發生與產生的過程，影響了技術知識的流動與累積，有一些看法指出，技術其實和知識一樣，是技術能力的累積。而技術和知識鑲嵌的類型，也就是知識和技術如何被組織（包括公司、學校、研究單位）所保存和使用影響了公司保護其發明及獲利的方式。

　　關於技術的定義，Lopperi 和 Soininen（2005）認爲技術是：在製造與服務過程中，轉換勞力、資本、材料與資訊、營運、技能、行動、工具、技藝、產品、程序和方法的集合；有時技術也被當做知識看待。技術演進的軌跡很少是一直線，新的技術的演進會伴隨前向或後向的迴路。而新科技也可能不被應用或技術轉移，而被鑲嵌在公司的隱性知識內。新技術也有不確定、初期回報率低、複雜度高的特性；特別是高度複雜性常被認爲是影響科技和知識發展的因素。因此很少公司能完全靠自有技術和知識創造出新的點子，所以必須依賴外部知識並且要具備吸收能力來有效吸收。

• 知識運用與創意的開發和探索

　　Lopperi 和 Soininen（2005）討論開發（Exploitation）和探索（Exploration）的差異，他們認爲開發的本質是對既存能力、技術、和典範的精緻化和延伸；探索則是以另外的選擇進行試驗。Lopperi 和 Soininen（2005）並以四個過程說明創新與知識的關係，他們將創新分爲知識萃取（Knowledge Extraction）、知識捕捉（Knowledge Capture）、知

識整合（Knowledge Integration）、知識創造（Knowledge Creation）。其中知識萃取和知識捕捉與開發有關，知識整合和知識創造則是不確定的，且短期內是有收益的。

　　Lopperi 和 Soininen（2005）更詳細的說明以上四個過程：知識萃取是發展和推進現有技術的績效，焦點在公司內部能力和技術帶來的漸增的價值；此類的創新不需要互補性資產，組織內的個人或群體可以優先進行改善或在專案與流程中交換知識與經驗，人們在不同產品專案中交換經驗。知識捕捉則需向外獲取一些可信賴的外部資源，但企業此時聚焦在解決問題而不在開發新產品。而員工則從經驗獲得知識並將新程序的應用一般化。此時要注意的是短期目標達成和組織內知識擴散的平衡，員工個人必須將知識轉換成他人可以理解吸收的型式如資料庫和技術標準等。在知識整合時，當外部知識被整合在公司組織的知識中，此時新的技術會被視為漸進式的技術，而公司也成為激進式技術的互補者。但公司也必須有要將知識轉移，和使創新能轉移並達成最佳商業化的覺醒，而這覺醒是管理上的和文化上的。最後，在知識創造時，如果有較困難與複雜的技術需要與其他方合作；當激進式創新沒有可實現的市場時，其風險會是很高的，而且也不易掌握客戶，因此造成沒有市場並讓投資人卻步。此時顯性的知識如專利等可能有利於將技術方和投資方做橋接，因此讓技術容易商業化。

• 從知識累積觀點看專利申請時機

　　由以上的描述我們可以思考的是企業獲得專利的功能性與時機點考量，如果只是知識萃取階段的創新，則重點在以員工個人及小組的知識對產品進行改良；此時市場明確、風險低，對於專利的需求並不大。而知識捕捉階段的創新和知識整合階段的創新，都必須向外部獲取知識，然後加以整合。而其目標在解決一些問題，或是更進一步把產品商業化。此時組

織應該強調如何從外部尋找、吸收、整合的能力，這和本書前述的吸收能力和動態能力有關。此時市場的風險屬於中度，企業申請專利的目的可能是爲了防止對手的攻擊，或是能夠有更多籌碼和外部知識來源進行談判，以便能以更好的條件來獲得外部知識。而此時申請的專利原創的性質不是很強的，可能偏重在製程改造，因此對企業的知識累積僅有一些幫助。而知識創造階段的創新，因爲原創性高、具新穎性，但如果不是市場所必須的，風險是相對高的。但如同前述，如果企業握有專利這樣具法律保障的排他權利，則投資者才可能有對其做價值評估的機會，甚至商業化的可能。因爲任何創新都必須商業化才有價值和意義，因此在知識創造的創新階段，應該要特別重視專利。而對於專利和企業知識累積的關係，另一個重點則是對企業員工創造發明的獎勵。因爲專利具有可獲利的前景，因此企業申請到專利後，必須對創新發明的員工進行獎勵。如此將可對員工產生激勵作用，鼓勵員工的創造發明行動。而員工的創造發明有助於企業知識的累積。

（二）專利與第四代研發管理

而專利對於研發管理的影響也很重要，目前所謂第四代的研發管理 [10]，其根本精神是將技術創新視爲創造策略性競爭優勢的主要手段，並提升研發管理至經營策略的核心層次。特別是企業將研發投資視爲一種知識資產，並認爲這種知識資產將可創造比其他有形資產更高的投資回報率。第四代研發管理也針對未來市場發展所需要的未來技術進行不連續創新，這與以往研發管理著重目前市場需求以及漸進式創新有所不同。但第四代研發管理將焦點集中在新市場、新科技、新事業的開發與創新，因此

---

[10] 劉常勇（2002），「第四代研發管理」，能力雜誌，台北，94-99 頁。

也不可避免的要面對技術發展的模糊性與不確定性。因此必須重視技術資源管理以積蓄企業的核心技術能力，並具備知識管理與智慧財產管理，有效將創新成果轉化爲企業的智慧資本。

三、專利與持續創新

• 專利專屬性與持續創新

專利造成的專屬性條件可以保護技術活動中的領先性，專屬性條件描述發明者從創新中壟斷的程度。雖然並無法確認較高的專屬性能鼓勵企業的創新活動，但較少的專屬性，即較大的知識外溢會減少企業的投資。無論如何，專屬性會增加由研發產生的競爭優勢。而企業申請專利的目的主要也是爲了策略的理由，而不僅是爲了專利產生的直接回報。Cohen（1990）將企業了解新的、外部的資訊價值並能做爲商業使用的能力稱爲吸收能力（Absorptive Capacity），吸收能力對於企業的創新能力非常關鍵。吸收能力會影響研發的支出。如前所述，Cohen 主張學習激勵（Learning Incentives）對研發開支有影響，但和吸收能力有關的技術機會（Technological Opportunity）和專屬性條件（Appropriability）也有影響。企業的動態能耐（Dynamic Capabilities）則用來區別企業的策略與非策略行爲，其中學習、技術資產是動態能耐的其中一部分，企業的技術資產可以用智慧財產法律（Intellectual Property Law）來保護，或是由企業保護。

雖然研究顯示較高比例的企業認爲營業秘密比專利對企業更有價值，對於產品創新而言，秘密對企業的重要性隨企業規模增大而提高，但程序創新則無此關聯性。有研究顯示在經濟危機對受僱者工作態度的衝擊，調查結果顯示沒有經歷過經濟危機的受僱者，在危機中會較不滿意收入並降低對工作的信任度，且因爲在組織中較不受保障，所以提高了人員流動的

意願。人員的流動和組織的變動可能使營業秘密的保護變得比較不容易，因此在金融風暴中企業可能轉向尋求以專利保護創新的成果，企業對於專屬性的需求也因此提高。

- **專利獲利策略與創新持續性**

企業的專利獲利策略決定了申請專利的目的與使用專利來獲利的方式。一般而言專利常區分為攻擊型與防禦型，具有攻擊型的專利使企業較能獲利並且強化企業申請專利的動機，也可能進一步強化企業在市場上的競爭力；而防禦型的專利則著重在避免侵權的爭議和訴訟。因此在金融風暴來臨，造成企業報酬減少時，採取攻擊型的專利獲利策略的企業仍有較高的動機進行持續性的創新，而採取保守防禦型專利獲利策略的企業則否。

9.4　專利與企業創新例──印度製藥產業

自 20 世紀 90 年代中期以來，印度製藥業已成為開發中國家和已開發國家最主要的學名藥供應商。印度製藥業是延著進口商到藥物創新者的軌跡轉變，其中印度政府的工業和技術政策以及對智慧財產權監管變化，對印度製藥業研發能力的發展有很大影響。Kale 和 Little（2007）[11] 說明了印度製藥業透過技術能力的積累和學習過程，強調從模仿學習中獲得的基礎和中間技術能力，為企業提供了創新研發能力發展的基礎；而由於專利法的變革，使企業必須從事開發創新研發能力所需的學習，使其能從複製的模仿到創造性的模仿、最後能推動藥物研發價值鏈。

---

[11] Kale, D., & Little, S. (2007), "From imitation to innovation: The evolution of R & D capabilities and learning processes in the Indian pharmaceutical industry" Technology Analysis & Strategic Management, 19(5), 589-609.

　　印度製藥企業的研發學習過程是先進行逆向工程（Reverse Engineering）研發，印度製藥企業基本能力的特色是生產粉末形式的藥物，涉及最低的技術水準和簡單的行銷，因此獲利能力也低。相對而言，製藥產業中最重要的核心是新化學實體（NCEs），新化學實體由高度複雜的技術研究而成，需要強大的專利保護力度和行銷基礎建設，且因為藥物在專利保護期間的市場壟斷性，所以 NCEs 相關的獲利能力非常高。

　　Kale 和 Little（2007）認為製藥產業的技術能力應該區分如下：

- **基本能力**：對生產進行微調和將技術吸收到企業環境中的能力，在本例中是以逆向工程研發，透過複製過程開發產品的能力。
- **中間能力**：在產品設計和生產過程中產生漸進技術變革的能力，還包括搜索和評估外部技術來源的能力，在本例中是成分的漸進變化。
- **先進的創新能力**：生產新產品和加工創新的能力，在本例中是新的化學實體研究，涉及創造代表先進能力的新藥物和創新療法。

　　Kale 和 Little（2007）分析，印度政府採取的產業政策在印度製藥業的發展中發揮了關鍵作用。不同的工業政策制度影響了企業層面的學習過程，塑造了印度製藥業的技術能力積累。TRIPS 協議的實施使印度政府在智慧財產權管理和製藥政策進行重大變革。加強專利法對印度大型製藥企業產生了積極的影響，促使它們從模仿者到創新者。而且由於模仿學習而獲得的基礎和中間創新能力給這些企業提供了先進創新研發能力發展的基礎。

第十章　專利與企業競爭優勢

　　在第七到第九章中，本書已針對專利與企業資源觀點、能力觀點、創新與知識觀點的關係進行說明與討論；而就企業策略的角度來看，企業資源、企業能力、創新與知識的目的就是要協助企業獲得競爭優勢；因此本章將說明專利如何協助企業或得競爭優勢。

　　根據以上的說明，本章的內容包括：

- **什麼是競爭優勢**：競爭優勢與企業策略、如何衡量競爭優勢。
- **競爭優勢理論**：Porter 的產業競爭理論、動態競爭理論。
- **達成企業競爭優勢的途徑**：資源基礎到競爭優勢途徑、能力到競爭優勢途徑、創新到競爭優勢途徑。
- **專利與企業競爭優勢**：由競爭優勢理論看專利競爭優勢、由資源基礎途徑看專利競爭優勢、由企業能力途徑看專利競爭優勢、由創新途徑看專利競爭優勢、專利競爭優勢的實證研究。

10.1　什麼是競爭優勢

一、競爭優勢與企業策略

　　「競爭優勢」（Competitive Advantage）是什麼？企業的競爭優勢應該是指：企業在生產效率與品質、組織架構與文化、商譽品牌、研發以及管理行銷技術等方面，所具有能提高競爭力的因素。Rothaermal（2008）[1]

---

[1]　Rothaermel, F. T. (2008), "Chapter 7 Competitive advantage in technology intensive industries", In Technological Innovation: Generating Economic Results (pp. 201-225). Emerald Group Publishing Limited.

認為企業要獲得競爭優勢，必須比其競爭者更能捕捉到較多的市場份額（Market Share），以促使公司的快速成長；而這些份額可能是來自產業的成長，也可能從對手方取得，因此性能績效比競爭對手優越的企業是有競爭優勢的。而如果企業在一段較長的時間內能支配它的競爭者，則該企業有持續性競爭優勢。

著名管理學者 Peter Ferdinand Drucker（彼得杜拉克）曾說：「企業策略研究的目的就是關於管理者如何獲得並持續競爭優勢的計畫」。因為競爭優勢會導致企業間的績效出現差異化，而績效的差異會決定哪些公司會成功續存在市場上。公司的計畫反映出公司管理層對於因應外部競爭環境變遷，評估公司優缺點以及公司在產業中的定位所採取的競爭動態行動。

二、如何衡量競爭優勢

Rothaermal（2008）以商品經濟價值來描述競爭優勢，他認為要了解競爭優勢要先了解關於企業獲利的定義：通常定義利潤 Π 等於總收益 TR 減去成本 C，即 $\Pi = TR - C$；而總收益等於售價 P 乘上數量 Q，即 $TR = P \times Q$。收益是由客戶創造的價值及銷售量的函數。因此企業的經濟價值可以被視為顧客願意付出的價格和商品成本間的差異。而競爭優勢的衡量可以用不同企業間，其商品或服務價值與成本差異的差別。如果企業的經濟價值比競爭者高，則稱為有競爭優勢。因此要提高競爭優勢，就必須要提高價值或價格，要不然降低成本。總之，優越的獲利能力就是企業具有競爭優勢的表現。

要衡量企業是否具有的持續競爭優勢，管理者必須要了解企業本身的強度（Strength）、弱點（Weakness）、機會（Opportunities）和威脅（Threats），因此可以用 SWOT 分析來分析企業的競爭優勢。另外管理者也必須了解產業環境與結構，然後制定公司的相關策略。其中策略

必須與本身條件配合，即在內部的策略要和公司資源、能耐和能力配適
（Fit）。

10.2　競爭優勢理論

競爭優勢（Competitive Advantage）是企業獲得良好經濟績效的重要
途徑，企業經營管理策略中的各種理論的結論都指向企業如何獲得競爭優
勢。Michael Porter 曾提出企業會藉由攻擊型或防禦性競爭策略，以獲得
企業在市場或產業內的地位；並能因應各種競爭力量的挑戰，然後獲得經
濟上的超額回報；而這種超越產業內平均水準的績效，是企業持續發展的
競爭優勢來源。因此企業通常透過更低的價格或獨特服務，會為買方創造
出更高的價值，並為自己獲得更多利潤。

Michael Porter 並從企業的定位出發，發展了一套企業發展競爭優勢
的理論框架，也就是大眾熟知的競爭力模型，在這模型中分析了產業結構
及其潛在經濟和技術特徵，並認為企業的獲利能力取決於行業的吸引力，
因此企業必須先分析產業的競爭力，再決定是否進入該產業及如何在產業
中定位。但另一派學者關注企業本身的能力，認為企業競爭優勢來自本身
的能力與資源，也就是前述的核心能力和資源基礎觀點。而企業在競爭時
如何互動？並且為什麼要以特定的方式進行競爭？競爭行為如何影響組織
績效？這些問題近年也成為管理界關心的重要的課題，而且一些學者認為
Porter 的理論無法有效回應這些問題，因此也衍生出了「動態競爭」學派。

本章將先簡述競爭優勢中重要的 Michael Porter 產業競爭理論和動態
競爭理論，讓我們更容易了解策略學者們對競爭優勢的看法；然後再分析
專利在創造企業相關競爭優勢的途徑與影響。但本章將著重在企業能力、
資源與創新的面向，因為這比較符合專利的本質與實際上的狀況。但專利

及其資訊對企業從技術角度評估自身市場定位是有用的，而且另一方面，近年愈來愈多的研究者認為企業專利訴訟和「專利戰爭」都可以使用「競爭—回應」的概念來分析，因此動態競爭是非常有用的概念與分析工具。

一、Porter的產業競爭理論

Porter 的競爭優勢主張主要可見於他在 1980 年出版的《Competitive Advantage》（競爭優勢）一書[2]。Porter 認為競爭是企業成敗的關鍵，競爭策略的作用是為企業在產業領域上追求理想競爭地位，主要的方法是在決定產業競爭的各作用力間建立有利的地位；因此競爭策略含有兩個策略層面：一是從產業長期獲利能力及其影響因素來判斷產業的吸引力；另一個則是如何決定企業在產業領域內相對的競爭地位。因為在大多數產業中，不論其產業平均獲利能力如何，總有企業比其它企業獲利更多。Porter 的理論實際上是將以「結構—行為—績效」（Structure-Conduct-Performance, SCP）為研究規範的產業組織理論引入企業策略管理中，其中包括了產業理論中的產業結構、產業內企業的比較、產業進入即退出障礙等觀念，來解釋企業如何制定策略和獲取持續超額利潤。

（一）產業結構分析

Porter 提出決定企業獲利能力首要的根本因素是產業的吸引力，如圖 10-1 所示，任何產業都具有五種競爭的作用力：新的進入市場競對手、替代者的威脅、客戶的議價能力、供應商的議價能力以及現存競爭對手之間的競爭。這五種作用力決定了產業的獲利能力，因為它們影響價格、成本和企業所需的投資，如客戶議價能力和替代品威脅會影響到企業所能獲得的價格；客戶也會影響成本和投資，因為強有力的客戶要求高成本的服

---

[2] Porter, M.. E.(1985), "Competitive Advantage", New York.

務；供應商議價的能力會影響原料成本和其他投入成本；競爭強度則會影響價格以及競爭的成本。

（二）一般性的競爭策略

競爭策略的另一個層次是企業在同一產業中的市場地位，而這必須是透過企業的競爭策略來獲得，企業的市場地位決定了它獲利能力是高於還是低於產業的平均水準，而這取決於企業的是持久性競爭優勢。持久性競爭優勢源自企業具有其對手更有效地處理五種作用力的能力，Porter 提出企業一般性的競爭策略包括：

- **成本領導（Cost Leadership）策略**：企業降低成本以實現成本領先，但有時也不能只考慮低成本而不顧產品定位，而必須考慮差異化的配合。
- **差異化（Differentiation）策略**：企業在產品、行銷管道、銷售、市場、服務、企業形象等設法與競爭者區隔，而能在行業內獲得獨一無二的地位；但差異化企業也不能忽視其成本，應該要在不影響差異化策略的情況下降低成本。
- **聚焦（Focus）策略**：讓企業成為某一細分市場或行業中的最優企業，又分為聚焦成本和聚焦差異化。

表 10-1 顯示了 Porter 提出企業一般性的競爭策略的區別。

表 10-1　企業一般性的競爭策略（Porter, 1980）

		競爭優勢基礎	
競爭範圍		低成本	差異化
	定位較寬	成本領先	差異化
	定位較窄	聚焦成本	聚焦差異

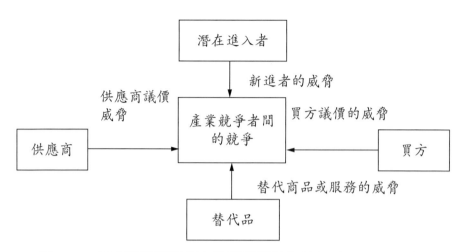

圖 10-1　決定產業獲利能力的五種競爭作用力（Porter, 1980）

二、動態競爭理論

（一）動態競爭概念

Wechtler 和 Rousselet（2012）[3] 提出動態競爭理論的研究，其概念是把市場視爲一個動態過程，而企業的競爭行動和反應與企業如何實現競爭優勢相關。關於企業動態行爲的討論可以從 Schumpeter 的創造性破壞概念說起，創造性破壞被定義爲對於企業面對最終和不可避免的衰落時，採用的競爭行動和反應過程，而這些行動和對手的反應決定企業生存與否和長期績效。但早期競爭動態研究關注個人競爭行爲和可能觸發競爭對手的反應，而且通常被設定爲對偶化的「行動—反應」來作爲競爭動力分析的基本單位。後續的研究關注在競爭行動和企業本身特質，會影響競爭對手反應的可能性和反應速度，並藉由以上的分析協助預測競爭。在進入對企業整體競爭行爲的研究後，研究者關注企業在有限時間內採取的整體競爭行

---

[3] Wechtler, H., & Rousselet, E. (2012), "Research And Methods In Competitive Dynamics: Review And Perspectives", In EURAM 2012.

動，證實了競爭行為對績效的影響，也歸結了企業競爭活動的重要特徵，如簡單性、複雜性、持續時間。

Chen 和 Miller（2012）[4] 認為「動態競爭」名詞的出現和 MacMillan 和 Bettis & Weeks 等人的工作相關。Chen 和 Miller（2012）並定義了一些基本的動態競爭概念與假設：

- 競爭的定義：是動態的和互動的、對偶的「行動—反應」的二元組，競爭行動一定會帶來反應；「行動—反應」的二元組構成了競爭的基石。
- 策略：企業間的競爭互動是策略的核心。
- 競爭對手分析：競爭對手的成對比較：包括立場、企圖、看法和資源是競爭對手分析的核心，也是競爭動力的組成。
- 每個公司是獨一無二的，具有自己的資源稟賦和市場位置，企業之間的每個競爭關係是特殊的（Idiosyncratic）和有針對性的（Directional）。
- 在制定策略時，企業必須考慮對手可能的報復，因此企業對自身及其競爭對手知識的了解十分重要。

影響企業動態競爭的因素還包括企業規模、企業行為和企業決策高層主管；企業行為包括企業流程和企業傳統策略。通常小公司往往會發起更多攻擊，而且攻擊速度較快；但受到攻擊的小公司也不太可能作出反應，即使有反應，反應速度也較慢。而高層管理團隊影響了企業環境，並與競爭對手進行對接。團隊凝聚力愈強、其社會行為一體化程度愈高，對對手的決策的反應愈容易也愈迅速。

---

[4] Chen, M. J., & Miller, D. (2012), "Competitive dynamics: Themes, trends, and a prospective research platform", The Academy of Management Annals, 6(1), 135-210.

（二）動態競爭與「察覺－動機－能力」模型

　　競爭是動態的過程，但競爭者的回應或反擊有利於己、而不利於對手的市場行動；如何降低或延緩競爭對手的回應，或者如何在採取行動前預測對手的可能回應，甚至如何積極地洞察競爭者市場行動，以便採取適當的回應都是重要的課題。陳明哲（2012）[5] 以動態競爭觀點（Competitive Dynamics Perspective）提出「察覺－動機－能力」（Awareness-Motivation-Capabilities, AMC）來闡述競爭互動中如何預測競爭者的行動與回應。

　　陳明哲（2012）以 Apple 公司的 iPhone 手機與其他智慧型手機的商業競爭爲例，Apple 公司 2008 年宣告新一代 iPhone 要推出後，各手機商紛紛以降價或推出新產品方式積極應戰：例如宏達電（hTC）推出觸控式的鑽石機、RIM 推出 Blackberry Bold（黑莓機）。該年 6 月 Apple 公司更採超低價格策略推出第二代 3G iPhone，導致主要生產智慧型手機的企業股價紛紛大跌；此時更驅使已存在於市場的手機廠商、甚至原來的非手機業者都投入戰場：如三星電子（Samsung）、全球最大手機廠商 Nokia 也取得 Symbian 手機平臺股權加入戰局，後續投入的更包括了 Google 的 Android 手機等。智慧型手機爲何成爲競爭激烈的市場？陳明哲（2012）以「察覺－動機－能力」模型來說明如下：

　　從「察覺－動機－能力」模型來看，當 hTC 的阿福機和 Apple 的第一代 iPhone 上市時，並未受到主要手機大廠的回應，因爲這兩者推出新產品的並不是手機市場主流，這些其他競爭者沒有沒有動機（Motivation）去積極反擊。直到 Apple 推出第二代 iPhone 打破了高階與低階手機差別，此舉嚴重影響了其他競爭者的市場，才引發競爭者的回應和反擊。各家廠

5　陳明哲（2012），「預測競爭對手的回應：AMC 分析法初探」，哈佛商業評論，75，28-29。

商的做法是察覺到這個宣示後，在 3G iPhone 正式發表之前展現反擊動機與反擊能力，做法是先在市場導入類似新產品。但真正影響整個市場結構的是，當更新更平價的智慧手機投入市場後，原先被動或觀望的手機大廠也無法繼續觀望，進而採取投入資源以保有領導地位，這些投入的資源和廠商的能力有關，而廠商在反擊前也必須了解自己擁有多少資源；當有能力的廠商紛紛開發新產品投入市場時，才因此進一步翻轉整個產業的競爭規則與競爭態勢。

陳明哲（2012）認為智慧手機市場的競爭是「察覺－動機－能力」模式的體現，企業在具備「察覺」、「動機」、「能力」三個條件下時才可能採取積極行動或回應；因此企業間的「察覺」、「動機」、「能力」差異，會決定企業間攻擊行動與反擊行為的差異。而 AMC 的理論基礎是動態競爭，因為動態競爭觀點認為，企業策略是一連串實際的競爭行動與回應；而且企業取得競爭優勢的關鍵是不斷採取競爭行動，並且回應對手的行動。因此企業預測競爭對手的回應便成為組織建立競爭優勢的重要關鍵。反過來說，在動態競爭分析中，察覺、動機與能力是競爭行為基本要素，更是評估對手回應以及辨識回應障礙的基礎。

10.3 達成企業競爭優勢的途徑

要探討專利如何協助企業達成競爭優勢，要先了解企業是如何達成競爭優勢的？特別是企業持續性競爭優勢。吳錦錩（2006）[6] 提出探討企業競爭優勢的主要理論或觀點有三種，分別是資源基礎觀點（Resource-Based View, RBV）、能耐基礎觀點（Competence-Based View, CBV），以及動態

---

6 吳錦錩，（2006），「企業持續性競爭優勢構面—以臺灣自有品牌企業為例」，中華管理評論，第九卷二期。

能耐觀點（Dynamic Capabilities View, DCV），而專利如何協助企業達成
競爭優勢，也都可以從以上三個途徑來思考。但本書先前也提到，專利在
對於企業創新與知識上具有很大的影響，因此本章討論協助企業達成競爭
優勢的途徑，包括了資源基礎途徑、企業能耐基礎途徑（包括核心能力、
動態能耐）以及創新與知識途徑三者。

一、資源基礎到競爭優勢途徑

（一）資源與策略

關於資源與競爭策略，Grant（1991）[7] 認為資源和策略的關係是：

- 資源和能力作為企業策略基礎。
- 資源和能力作為企業方向的來源。
- 資源作為企業獲利能力的基礎。

Grant（1991）進一步說明資源形成策略的過程，如圖 10-2 所示，其
步驟包括：

(1) 企業資源辨識與分類：包括評估競爭者強度與辨識資源利用性，
用來形成企業資源。

(2) 識別資源與企業能耐：包括企業做什麼會比對手更有效率？以及
識別對每個能耐的資源輸入及每個能耐的複雜度；用來形成企業能耐。

(3) 評估資源和能耐產生經濟租潛力：包括持續競爭優勢的潛力，以
及報酬的專屬性；用來形成企業策略優勢。

(4) 選擇與外部機會相關的公司資源和能力的最有效利用策略；用來
形成企業策略優勢。

---

[7]　Grant, R. M. (1991), "The resource-based theory of competitive advantage: implications
for strategy formulation", California management review, 33(3), 114-135.

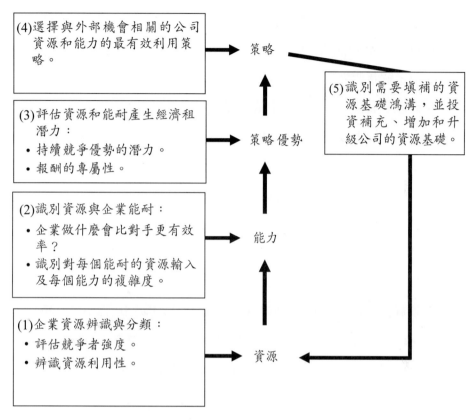

圖 10-2　資源成為策略過程（Grant, 1991）

(5)識別需要填補的資源基礎鴻溝，並投資補充、增加和升級公司的資源基礎。

（二）關鍵資源的應用

關於關鍵資源如何應用，Wernerfelt（1989）[8]提出了如何將關鍵資源轉變成公司策略的意見，Wernerfelt（1989）認為當公司的管理階層要確定公司中能提供競爭優勢的資源時，以下各項應該是被考慮的：

8　Wernerfelt, B. (1989), "From critical resources to corporate strategy. Journal of general management", 14(3), 4-12.

- 有一個好的管理團隊。
- 行銷團隊是強大的。
- 有了解我們需要的供應商。
- 研發人員善於發現需要申請的專利。
- 零售商知道我們的產品為何與眾不同。
- 公司研發團隊表現良好。

根據以上的判斷原則，識別公司關鍵資源的程序如下：

- 在我們擁有的資源中，哪些是獨一無二的？
- 任何部門的表現優於其期待的薪資？
- 任何供應商或買方是否擁有與我們相關的重要資源？

但事實上，Wernerfelt（1989）認為單就這樣的識別過程不太容易直接找出合適的關鍵資源，反而比較可能了解自己公司其實並不具備其中所需資源：例如沒有獨一無二的產品，或者是沒有了解並能提供自己需求的供應商。Wernerfelt（1989）進一步說明，當公司管理階層了解自己公司擁有的關鍵資源後，必須進一步了解如何利用關鍵資源和能力做為武器，而且必須知道該如何部署這些武器。Wernerfelt（1989）以為下三類關鍵資源是有用的：

• 固定資產（Fixed Assets）

固定資產是具有固定的長期營運能力的資源，例如包括工廠和設備、採礦權、經過特殊訓練的員工、供應商或經銷商的具體投資等。這些資源很容易思及，但通常不會涉及非常具有挑戰性的策略問題。主要有兩個原因：首先它們通常僅僅在一個或幾個行業中是有價值的；因此在哪裡部署它們的問題相對簡單。第二，通常不會發現這些資源的產能過剩，所以企業不可能有這麼多的資源來使用。

• 藍圖（**Blueprints**）：實際上具有無限能力的資源

藍圖是實際上具有無限能力的資源，例如包括專利，品牌名稱和聲譽，這些資源往往在策略制定過程中發揮重要作用。基本上，由於和固定資源的問題相反，這些資源可能在系列的市場上產生相當大的優勢，而且因為它們的能力不受限制，使得它們的可用性（Availability）不會成為真正的問題。企業對於本身的商標、產品品牌、企業識別系統（Corporate Identification System）的重視反映了這種關鍵資源的重要性。

• 文化（**Cultures**）

文化是短期有限、但長期能力無限的資源。文化主要和團隊的效應相關，在一個團隊工作中，團隊的功能取決於不同領域專家間互動產生的作用。在任何團隊中，團隊將隨著時間的推移開發一套例規（Routines），團隊將學習其他成員可以做什麼、需要做什麼和想做什麼。以及可以學習到當團隊成員所說的是代表什麼意義；團隊可以學習如何解決經常性的衝突。此外沒有兩個團隊會發展同樣的社會性結構，特別是一些團隊最終會有更有效的互動模式。其中，Wernerfelt（1989）所提出的「文化」中的核心概念──組織的例規，和一般討論企業能耐和無形資產時也包括組織的例規相通，因此這裡的文化概念可以說和企業能耐和無形資產的概念相通。

至於關鍵資源如何使用？ Wernerfelt（1989）提出了三個使用方式的分類：獨立應用（Independent Application）、配對應用（Paired Application），以及客製化應用（Customized Application），分別說明如下：

• 獨立應用

此類型的例子包括在關鍵資源產能過剩時可以獨立使用，以及關鍵

資源與非關鍵資源關聯使用的情況。首先假設關鍵資源是固定資產：包括工廠、土地或採礦權。在許多例子中，可以透過向其他人銷售或租賃這些關鍵資源來獲取利潤。而且大多數情況下，可以很容易銷售此類資源，並將其管理交給相關的專家。但這樣的概念如前所述，是有限制的，例如機器設備可以自己使用，在自己不用的時候還可以租用給別人使用以賺取租金。但機器設備有折舊的問題，也必須考慮維護和修繕的問題，因此使用上自然有所限制。而藍圖的使用雖然在理論上是無限制的，例如專利的授權可以專屬授權，也可以無限制的非專屬授權；品牌連鎖店理論上也可以無數量限制的授權。但事實上專利可能會有被侵權的問題，特別是被授權人對於專利的可能濫用；而品牌連鎖店也可能有經營業務方面要滿足標準的問題。要避免以上的情形，比較好的方式是在內部使用該資源，並在其周圍多角化。而在文化方面則很難採取尋租的做法，因為研發實驗室接受外部合約工作、人事部門出售培訓計畫，這些都很難估計相關成本，而且也不希望自己公司的內部程序或營業秘密被竊取或被拷貝。

• **配對應用**

　　主要的例子是公司可以合併或組成合資企業，這種情形發生在公司需要的資源在另一家公司。例如當 A 公司能生產設備，但缺乏 B 公司具有的銷售，服務和培訓資源，此時獨立應用或自行發展相關能力可能是不經濟的，因此採取與其他公司合作是較佳選擇。而不同的關鍵資源可以有不同做法，如果關鍵資源是固定資產，通常很容易出售或出租，因此如果兩個共同專有資產之一屬於這種性質，則往往會向其他資源的所有者出售。假設關鍵資源是藍圖，在沒有容易獲得的互補性資產下，例如 A 公司具有專利，而 B 公司具有生產和行銷系統，在 A 公司不出售專利的情形下，合資公司往往是最好的解決方案。但對於文化，合資公司的選擇可能是危險的，因為如果利用另一方的是遠離主要業務的研發實驗室的技術是可行

的，但是如果有關資源是公司不可或缺的一部分，通常最好是合併這兩家公司，或者放棄。

• 客製化應用

此類型代表不能在市場上使用的資源，而且沒有足夠的資金和資源投入，也就是管理上所說的承諾（Commitment）來支持，資源將無法順利的使用。例如企業具有專利或特別技術，但卻需要特用的設備或是工廠來生產，或是只能適用在特定的技術上，否則價值會降低。此時可能需要說服投資者或供應商來投資。而且在此狀況下，通常需投入資源的領域還不是資源擁有者熟悉的專業領域。相對而言，對於可能合作對象，也會擔心如果投資擁有關鍵資源的人，結果可能會被利用，或是無法得到理想中的報酬，所以要說服別人也是一條困難的途徑。此時必須借助法律契約，釐清雙方的權利義務，並保障雙方都能有適當的回報。而此合作模式也要考慮突發狀況，也就是要考慮風險因素。

另一種方式可能是來自雙方的信任關係，Wernerfelt（1989）以英國的連鎖百貨公司 Marks and Spencer 為例，其供應商大多數都專注於對 Marks and Spencer 的供應，如果更換供應對象會非常困難。所以如果這些供應商被該公司放棄，對這些供應商來將是巨大災難。但雙方因為長久合作產生信任關係，因此可以確信這種信任是可被兌現的。一般而言，這種關係在日本和歐洲較常見，在美國則較少見。

Wernerfelt（1989）最後總結了不同關鍵資源的使用方法，主要在考慮不同類型的資源所應該採取的應用方法，其結果歸納在表 10-2 中。首先對於固定資產型的關鍵資源，如果要單獨使用或配對使用，都可以考慮銷售或出租的方式，因為固定資產的產權清楚、風險較低（如果又有保險的話），資源擁有者比較不容易承受損失。但如果具特殊性要進行客製化應

用時，因為不容易說服他人投入承諾給只有特定價值的資源，所以較大的可能還是公司內部自用（In-House）的可行性較高。而對於藍圖型的關鍵資源而言，雖然具有不受限制的能力，但如果要獨立使用，一般可能的方式是專利開放授權，以及加盟可以使用商標，但都有品質維護與權利保護的風險，因此 Wernerfelt（1989）還是建議內部自用（In-House）為宜。但如果要配對使用，則可以用創業投資（Joint Venture）的方式，向外募集資金來開發專利技術或品牌商品來使用。這樣將可避免品質維護不易與權利保護困難的問題，對於公司和產品的商譽的保護能力較強。至於客製化使用，如前所述有其困難度，因此 Wernerfelt（1989）建議還是留給公司內部自用。最後關於公司和組織文化型的關鍵資源，Wernerfelt（1989）建議這些是不容易與人共用的，因此除了配對使用時可以用併購或收購其他企業的方式，其他還是自行內部使用。

表 10-2　使用和槓桿化資源的類型（Wernerfelt, 1989）

應用	固定資產	藍圖	文化
獨立應用	販賣或出租	內部使用	內部使用
配對應用	販賣或出租	投資	併購
客製化應用	內部使用	內部使用	內部使用

（三）從無形資產到競爭優勢

　　Hall（1992）[9] 提出如何由無形資產成為競爭優勢，因為持續的競爭優勢來自企業擁有能耐的差異，Hall（1992）將能耐差異的來源區分為「基

---

[9]　Hall, R. (1992), "The strategic analysis of intangible resources", Strategic management journal, 13(2), 135-144.

於能力（Competencies）的能耐差異（Capabilities differentials）」以及「基於資產（Assets）的能耐差異」。

• **基於能力的能耐差異**

　　基於能力的能耐差異，主要強調功能性的差異如來自員工的知識、技能和經驗，及價值鏈（Value Chain）中的其他成員如供應商、經銷商、律師、廣告商等。當 Know-How 可以用於生產維持贏得市場份額的產品，那麼可以說 Know-How 是創造了功能性的差異。文化的差異適用於整個組織。它包含了構成組織內個人和群體的習慣、態度、信仰和價值觀，例如當組織的文化導致對高品質標準的認知，對挑戰的反應能力與變革能力等；那麼這種文化是競爭優勢的貢獻者。

• **基於資產的能耐差異**

　　至於基於資產的能力差異，包括企業有形或無形的資產。例如企業定位差異是過去的行為的結果，像企業在客戶間產生的聲譽、占據某個優勢位置等。這些狀態不僅有助於競爭優勢也有助於企業定位。規制（Regulatory）差異是由於擁有智慧財產權、契約、與營業秘密等法律實體所造成的。Hall（1992）認為能提供以上的能耐差異的資源稱為無形資源，可歸類為「資產」（Assets）或「技能」（Skills）。資產包括智慧財產權如專利、商標、著作權和設計專利以及契約、營業秘密和資料庫。另外聲譽也是無形資產的一類，因為聲譽的無形資源由於具有「歸屬性」（Belongingness）的特徵，也可能被歸類為資產。但公司的商標類等聲譽雖然可能被誹謗或可能受到侵害，但不能像專利可以買賣。技能或能力包括員工（以及供應商和顧問）的專業知識，以及組織文化的集體 Know-How。

• **企業聲譽作爲無形資產**

　　Hall（1992）並針對英國企業的執行長（CEO），以她的無形資源框架進行問卷調查，來了解 CEO 們對公司無形資產的看法。因爲 CEO 是可以負責公司的無形資產，包括從專利到公司聲譽的唯一高階行政人員。Hall 主要關注 CEO 認爲每個無形資源對企業成功所產生貢獻的相對重要性，與這些資源相關的替代週期的看法，以及員工技能最重要的領域。從無形資產的重要性而言，英國 CEO 認爲最重要的前三名是：公司聲譽、產品聲譽、員工 Know-How；相形之下，智慧財產權落在相當後面的位置，不如公司內部文化、公司的網路關係、公司的資料庫、契約及一些特殊的 Know-How。而且在 1987 年和 1990 年的調查顯示，相關的排行變化不大。至於資源相關的替代週期，英國 CEO 認爲最重要的前三名也是：公司聲譽、產品聲譽、員工 Know-How，智慧財產權的能見度甚至沒有。

二、能力到競爭優勢途徑

　　關於核心能力（Core Competence）、能耐、資源、與競爭優勢的關係，Rothaermal（2008）提出了一個如圖 10-3 的分析架構來描述資源、核心能力、能耐與企業策略的關係，以及它們是如何形成競爭優勢的。他認爲在資源（Resource）、核心能力（Core Competencies）和能耐（Capabilities）與企業策略會產生交互作用，其中企業策略建構（Build）了資源和能耐，核心能力則和資源和能耐交互作用，並且形塑（Shape）了企業策略。而企業策略會造成競爭優勢，競爭優勢帶來企業的經濟利潤。這和我們之前曾經提出過的策略與競爭優勢的關係，有相同也有相異之處：其中相同處在於企業策略必須與企業本身條件配合，即在內部的策略要和公司資源、能耐和能力配適；而進一步內部策略要和公司資源、能耐和能力配適。相異的地方在於：企業策略結合公司資源、能耐和能力才

是獲得競爭優勢的關鍵，綜合公司資源、能耐和能力形成的公司策略不完全能創造公司競爭優勢，如同 Barney（1991）所提出，企業必須採取相應的策略來使得資源能夠成為競爭優勢。

　　而要創造企業的持續競爭優勢，管理者必須要了解企業本身的強度（Strength）、弱點（Weakness）、機會（Opportunities）和威脅（Threats），因此可以用 SWOT 分析來分析企業的競爭優勢。另外管理者也必須了解產業環境與結構，然後制定公司的相關策略。其中策略必須與本身條件配合，即在內部的策略要和公司資源、能耐和能力配適（Fit）；而進一步內部策略要和公司資源、能耐和能力配適。企業必須在形成企業未來競爭優勢基礎的能力的策略方向上，提出提升公司的資源和能力水準的承諾；Grant（1991）提出 NEC 在 20 世紀 70 年代中期的資訊和通信策略重點不在於建立公司的核心優勢，而是因為它們是對特定技術發展路徑的長期承諾[10]。因此 Prahalad 和 Hamel 的核心競爭力概念包括對公司現有能力的認同，以及對未來發展路徑的承諾。

　　至於競爭優勢如何得到？能力觀點的學者覺得優勢能力與核心能力允許管理者創造高價值或低成本的企業結構，如此將可如前所述由低成本或高價值來獲得競爭優勢。其中核心能力是建立在資源和能力間相互的複雜作用，企業所擁有的具備有形價值的資產如土地、建築、工廠、設備等資源，還有無形的品牌、聲譽、專利、員工 Know-How 等無形資產。而企業的能力是指運用、轉換與整合資源的能力；透過資源間的整合，可以有效地發揮資源的生產力。Rothaermal（2008）說明因為能耐往往包括著各種無形資源與有形資源彼此間的複雜互動，而這種互動能夠產生一加一大於二的效果，使企業能發揮更大的綜效。通常企業的能耐是無形的，但呈

---

[10] 同註 36。

現在其例規、流程和程序間。也就是說，增加資源會產生加法的效果，而能耐卻具有乘數效果（Multiplier effect），在企業中最常見的就是導入資訊管理，或是提升知識管理能力而帶動公司績效的提升。

此外，關於動態能耐與競爭優勢的關係，動態能耐本身不能直接成為持續競爭優勢，因為根據資源基礎觀點，動態能耐必須也是有價值和稀有的、同時也是不可替代的、和不可模仿的才能產生競爭優勢。動態能耐通常可能是有價值的、稀有的、但企業可能從許多途徑獲得相同的能力，所以不同企業動態能耐可能是相同的，因此動態能耐是可以替代的。這表示動態能耐可以成為競爭的來源，但不一定可能成為持續優勢；只有具有價值和稀有的、同時也是不可替代的、和不可模仿的動態能耐會有競爭優勢。而對於一般的競爭優勢，長期的競爭優勢在於管理者使用動態能耐構建的資源配置，而不是動態能耐本身。有效的動態能耐是必不可少的，但不足以達到競爭優勢的條件。Zahra 等人（2006）[11] 提出，動態能耐可以產生的潛在競爭優勢決定於兩個因素：改變的需要和所選擇變化的智慧。企業需要改變的次數愈少，發展動態能耐的成本就愈低。對動態能耐的開發和使用涉及對成本的承諾，也對動態能耐的潛在價值有影響。如果環境高度波動，企業應有的持續性能力變成變動頻繁而不可預測時，動態能耐的潛在價值可能就較高了。也就是說在動態環境中經由持續性能力和組織知識的動態能耐潛力會更大。

關於動態能耐、資源和企業績效的關係，以往動態競爭和資源理論兩者很少整合，特別是單單資源無法產生績效，但 Ndofor 等人（2011）[12] 提

[11] Zahra, S. A., Sapienza, H. J., & Davidsson, P. (2006), "Entrepreneurship and dynamic capabilities: A review, model and research agenda", Journal of Management studies, 43(4), 917-955.

[12] Ndofor, H. A., Sirmon, D. G., & He, X. (2011), "Firm resources, competitive actions

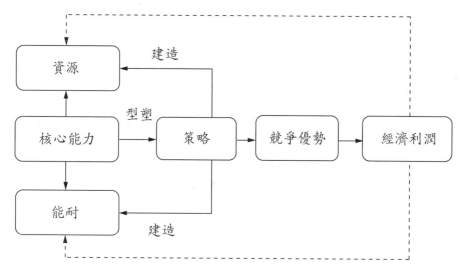

圖 10-3　資源、核心能力、能耐的交互作用〔Rothaermal（2008）〕

出競爭行為會調節技術資源和企業績效。整合資源和競爭動態可以彌補兩者原有的不足：因為動態競爭強調意識和動機但忽略資源，而很少人知道資源如何讓動態競爭成立；而廠商可藉由技術資源透過競爭行動建立競爭優勢。Ndofor 等人（2011）認為競爭動態從以下幾個方式調節技術資源和企業績效：

- 廠商技術資源寬度正向影響其績效。
- 廠商競爭行為複雜度正向影響其績效。
- 廠商競爭行為的偏離正向影響其績效。
- 廠商技術資源寬度正向影響其廠商競爭行為複雜度。
- 廠商商競爭行為複雜度調節技術資源及其績效。
- 廠商商競爭行為偏離調節技術資源及其績效。

and performance: investigating a mediated model with evidence from the in-vitro diagnostics industry", Strategic Management Journal, 32(6), 640-657.

　　由 Ndofor 等人（2011）的研究，提供了競爭動態和資源結合對企業績效影響的思考途徑，這對廠商動態競爭提供了更廣泛的研究方向。

三、從創新到競爭優勢途徑

　　對於競爭優勢的能否持續，如果以資源基礎理論來看，當可替代性資源出現時，資源、能力、組織慣例的價值將可能變得沒有意義，而且進入障礙也會變得沒有意義；特別是當競爭者會快速的配合消費商品市場的價值模仿並生產產品，競爭優勢將不會存在。此時企業不得不持續投資在策略性資源上，而不顧此投資是否可確定增加銷售和獲利；企業也會持續修正其組織例規以更新其競爭優勢。因此企業的創新對於企業的競爭優勢十分重要；包括技術的創新研發，以及制度的創新如組織例規的改變。創新造成的競爭優勢可由企業外部資源和企業內部資源兩個角度來看：

- 從外部環境角度來看，因爲企業外部環境變化及技術變化劇烈，企業如果無法透過創新，將無法面對外部的挑戰和變化，更不可能無法維繫其優勢，也可能無法面對競爭者的挑戰。
- 從內部組織角度來看，企業組織的變革與創新能改善企業文化、強化企業與環境調適的能力、提高生產力或降低成本等，可提高企業競爭力。

　　Grant（1991）也提到 Porter 認爲對企業和國家建立並維持國際競爭力的能力，主要取決於持續創新的能力，而要將競爭優勢的基礎從轉變爲「先進的」生產要素，使它們提供更可持續的競爭優勢，而且不易複製。但另一方面，在過去的文獻中有學者提出創新的結果—專利，因爲可以提供暫時性的壟斷地位，而被視爲長期維持競爭優勢的基礎；但以專利爲基礎的競爭優勢也是有風險的，包括企業激進式的創新技術可能不見得爲市場接受的風險，以及不可避免地必須面對快速與多面向的技術變革的風

險。因此，持續性的創新和企業具備動態能耐，可使得企業能對外部環境的挑戰更能調適，而且取得競爭優勢。

10.4　專利與企業競爭優勢

一、由競爭優勢理論看專利競爭優勢

在前面的章節中，已經討論過專利和企業的資源基礎、核心能力以及創新和知識的密切關係。如果以本章所提過的 Porter 競爭優勢理論，以及動態競爭理論，我們可以歸納專利帶給企業的競爭優勢包括：

- **從 Porter 競爭優勢理論看專利競爭優勢**

以 Porter 競爭優勢理論中的一般性策略來看，專利協助企業取得競爭優勢的方式有：

(1) **低成本**：發展新技術或改良製程，降低成本；減少訴訟機會降低風險成本，有限制的壟斷權可創造 Chamberlian 式壟斷租金。

(2) **差異化**：建立公司品牌聲譽、保護品牌提高顧客忠誠度、建立競爭者進入市場障礙、建立技術標準增強了與供應商談判的地位。

(3) **聚焦**：建立專利叢林阻絕競爭者的競爭。

- **從動態競爭理論看專利競爭優勢**

動態理論通常被應用在專利的訴訟策略分析，但事實上不應只把訴訟做為分析的開始，而應該以專利開發和專利布局做為行動開端；因為競爭對手在相同領域隨後申請專利的行動，也是一種回應行動。從動態競爭角度來看，企業的動機和資源會影響其行動意願與能力。專利組合的策略性使用可以形成某技術領域的位置優勢，抵禦競爭者的進攻、並增強談判的主動性。以專利競賽為例：企業申請專利保護獲得有限壟斷權，一方面利

用專利的壟斷性獲得壟斷超額利潤，另一方面又使後續競爭對手研發投入得不到預期效益，如此可以確立企業在市場中優勢地位，並同時激發本企業的後續創新。

因為專利本身在優勢期帶來的尋租效果是有時間性的，為了提高專利的競爭優勢，企業會進行動態競爭（Competition Dynamics）的行動來爭取競爭優勢，也就是「專利策略」。比較明顯的包括申請防禦型的專利、設法延長核心專利的時效、針對競爭者或其策略聯盟提出訴訟（如高通對 Apple 和臺灣企業提出訴訟）等。這些行動從 1980 年代美國「親專利政策」（Pro-Patent）及聯邦巡迴上訴法院改組後愈來愈形成業界的常態，甚至成為我們熟知的「專利競賽」（Patent Race）或是「專利戰爭」（Patent War）。

二、由資源基礎途徑看專利競爭優勢

在專利作為競爭優勢基礎的討論中，依照企業資源基礎觀，具有價值性、稀少性、不可模仿性、不可替代性的專利資源本身就是企業核心競爭優勢的來源。而專利也可以配合協同專業化互補性資產確保在產品開發過程、以及後續創新過程中確保其有效性。而 Porter 曾經提到差異化（Differentiation）是競爭優勢的來源之一，而技術創新被認為是可以創造不可模仿性的，所以是企業差異化的來源之一。而且當創新具有法律保護的效力如專利時，在競爭中將可設立競爭者的進入門檻；另外高品質的專利也有尋租功能。雖然只有少數的專利能真正獲利，但專利也會被股票市場做為評價公司價值的工具。例如目前有 Ocean Tomo 的專利股票指數，以及中國深圳的股票專利領先指數可以作為投資參考依據。

三、由企業能力途徑看專利競爭優勢

　　由於技術的複雜化和產品生命週期的縮短，使得專利研發的速度加快，而且研發風險也大幅提升，但專利的數量也急遽上升。所以專利不論在研發其間還是商用化期間，都必須投入更多的資源，並承擔更高的風險，這也使得專利的使用型態有和以往不同的變化。因此企業對專利的運用能力十分重要。首先因為研發企業或研究單位，都必須設法募集到更多的資金來進行研發並開發專利；而投入資金者必須要更多的激勵和保障，才會願意提供資金，所以要提升專利的運用能力。而根據專利的前景理論，專利的收益來自未來可能產生排他權所獲致的收益，所以在專利的商業化模式上，設計更多的交易形式或取得資金的方式，讓研發者更易取得資金，也讓投資者的風險降低。例如專利的融資、專利的證券化、專利的綁售、專利的拍賣、專利的訴訟賠償、甚至專利的訴訟保險等。而現在企業對營業秘密的重視與專利布局的使用，以及更多元的授權與併購方式，使得的專利授權可行性大幅增加；不過至目前為止真正能實現商業化的專利比例仍然很低。

四、由創新途徑看專利競爭優勢

　　專利的競爭效應關鍵在於專利本身的價值，而專利本身的價值和創新研發有密切相關。專利的價值在於對競爭者的隔離作用強度，以及不可模仿性。不過應該要能分辨專利價值是「專利本身代表技術的價值」？還是「專利文件對於他人的參考價值」？另外競爭環境也是十分重要的，因為不良的環境會降低專利保護的效力、保護強度等；如專利在技術知識快速傳播與外溢的環境中無法提供競爭優勢。而如前述所說明的，企業本身可以透過發展本身的能耐，在其一系列的發明中合成較先進的技術；或是企

業如何能發現獲得新的知識，並且能夠具有吸收這些新知的能力；最後還有能力將新知識結合自有技術而能組合成激進創新的技術，這才是企業具有的專利競爭優勢的來源。

另外創新是一種正向循環，因為激進式發明需要不同領域的知識及資訊，在激進式創新的週期中可能培養出更激進技術的需求。主要因為其他企業會引用激進式創新發明專利中的技術和知識，使得需要激進式創新的企業不得不擴大其知識與技術基礎，也就是必須檢索更多更廣領域的專利，並且吸收其中的知識和技術，再合成新的發明專利。這樣企業將比漸進式創新有較大的機率擴大其競爭優勢，但也會有較高的風險。因此在激進式創新時，必須重視專利布局與專利探勘，以降低其風險。以往對於視專利布局與專利探勘的分野並不明確，但簡單的說，專利探勘是將開發中的新技術，盡量針對其可以保護的技術特徵與技術項目進行挖掘，使整個技術發展能夠更完善，以降低其他競爭者進入或是模仿的機會，也使得企業投入的研發資源得到最大的效應。專利布局則是針對不同的地區、申請不同形式的專利，可以使在較低保護力的區域承受被模仿的損失時，可以由較高保護力的地區獲得補償，也就是一種風險分擔的概念。

五、專利競爭優勢的實證研究

Harrigan 和 DiGuardo（2016）[13] 針對專利競爭優勢進行了實證研究，其方法是藉由比對有專利和無專利的企業營運所獲得的利潤盈餘，並測試哪些專利具有競爭優勢；另外也分析企業對於專利投入的投資及其對於能耐

---

[13] Harrigan, K. R., & DiGuardo, M. C. (2016),. Sustainability of patent-based competitive advantage in the US communications services industry", "The Journal of Technology Transfer", 1-28.

的回報。Harrigan 和 DiGuardo（2016）的研究顯示有專利的企業比做相同競爭但沒有專利的企業，有較高的報酬率；但無法確定此高報酬率會持續較長的時間。而企業獎勵的專利中有高比例非核心（Non-Core）、非慣例（Non-Routine）技術知識合成的專利時，比做相同競爭但沒有激進式專利的企業有較高的報酬率；而且此高報酬率會持續較長的時間。

　　在專利形成的優勢時間因素上，Harrigan 和 DiGuardo（2016）發現獲得專利的效應在前四年是較有用的，但在之後可能無法呈現正面的效應，顯示專利較無法具有持久性的優勢。因此，在獲得專利的前幾年，專利對營運盈餘的比例有正面效果，但要使其影響力能夠增加並有正面貢獻，必須達成技術的多角化，以將專利中的知識寬度能夠擴展。學者也提出從專利本身價值來衡量，即使是創新的專利，其價值也會慢慢趨於專利價值的市場平均值，主要原因在於企業是否有持續的創新並拓展專利中知識的廣度，而且能將外部知識合成至專利中。

　　另外在專利對企業聲譽的影響上，雖然 Hall（1992）的調查顯示英國 CEO 認為最重要的前三名無形資產是：公司聲譽、產品聲譽、員工 Know-How；相形之下，智慧財產權落在相當後面的位置，但是我們可以從這個調查中延伸思考，在上個世紀 90 年代初期，全球智慧財產權的競爭和專利訴訟的風氣和現在無法相比，當時許多企業也許會因產品被仿冒而蒙受損失，但這是集中在「仿冒品」與「假貨」身上。智慧財產權無法保護產品的直接仿冒，通常是靠政府的力量進行取締與法辦；當時的大公司也較少因為被控侵犯專利權而上法庭，甚至被禁制令禁止進口，或無法上架。但現在這些都會影響公司和產品的聲譽，還可能影響公司在投資者心中的評等與公司的風險評估，以及影響與其他公司的合作，還有最重要的訂單等。因此現代的專利競賽與專利戰爭，不僅影響公司的無形資產中智慧財產的價值，更會影響公司聲譽及產品聲譽。因此各公司 CEO 在面

對專利侵權訴訟時，莫不起而奮戰；相對而言，一些公司高層也喜歡以專利侵權訴訟作為武器來打擊競爭對手，其思考面向很大一部分也在商譽的問題；這也是專利相關人員可以借鏡，以及作為公司專利政策和專利訴訟策略的考量因素。

第十一章　企業專利競爭力解析

在說明了專利的基本理論與企業的經營策略後，我們必須思考的是：如何以企業經營策略結合企業專利活動，並將企業經營策略運用在專利的產生、管理、營運等，以提升企業的專利競爭力，也就是要使企業的專利能帶給企業競爭優勢。本書認爲企業要具備專利競爭力，必須從以下幾個方向著手：

- 企業專利策略的規劃。
- 企業專利資源的開發。
- 企業專利能耐的培養。
- 企業專利價值的行銷。

本章接下來將分別解析以上四項的內容及其如何提升企業的專利競爭力。

11.1　企業專利策略規劃——專利競爭優勢策略模型

一、企業專利特性

（一）企業的專利活動

因爲專利策略是企業長期實現專利活動的核心理念，以及實現專利活動的指導原則，所以我們要先了解企業的專利活動。企業的專利活動包括：

- 申請、取得及放棄專利。
- 將專利進行商業上的實施。
- 在市場上阻擋他人實施專利相關技術。

- 進行專利相關的談判、授權、合作與聯盟。
- 釋放公司技術與能力走向的訊號。
- 以專利相關活動提高公司的聲譽。

　　專利策略和公司的技術策略和智慧財產權策略息息相關，但專利策略和公司的經營策略、商業模式和商業策略的關係則是視專利對公司的重要性而定。一般來說，公司專利策略應該配合以上其他策略，以協助公司獲利和搶得市場上有利位置爲目的，這對公司才是最好的選擇。

（二）企業專利的分類

　　對於專利策略的討論應該首先考慮專利的分類。Lopperi 和 Soininen（2005）將專利區分爲攻擊型專利（Offensive Patent）、防禦型專利（Defensive Patent）、交易型專利（Transactional Patent）以及無專利。這和一般學術研究上只區分攻擊型專利和防禦型專利有所不同。以下分別說明：

• 攻擊性專利

　　攻擊型專利的目的是產生直接收益，也就是直接以專利阻止其他公司對自己產品和製程的模仿，以保持公司在市場上的差異化競爭優勢。攻擊型專利也包括使用授權的方式，而不是僅僅以阻擋他人使用的方式以獲得授權金收益。

• 防禦型專利

　　防禦型專利通常被認爲在技術創新性上沒有攻擊型專利高，主要是用來保障公司在市場上不被他人攻擊，或是在被攻擊時能夠藉由訴訟、談判來還擊，以保障公司在市場上的生產製造產品以及研發創新的自由度。這些專利必須能夠對可能侵權的專利權利請求範圍，也就是技術保護的內容，有足以提供反擊能力的力量。甚至如果在此類專利夠強大的情況下，

還能夠遏止對方對其提出侵權訴訟的企圖。但如果單一個專利不足以抵擋對專利侵權的控訴，則可以使用專利布局的方式，也就是以多個專利來回應對方的控告。通常在 ICT 產業中，各公司很難保證自己是否有侵犯他人發明與專利，另一方面也無法保證自己的產品和發明沒有被其他人模仿，所以防禦型專利不僅用於對抗具有專利權的公司，也可用來對沒有專利權的侵權者提出訴訟。而專利的訴訟也包括舉發專利無效，也就是提出對方的專利生效前其實就有更先前的相同技術專利存在，因此控告者所依賴的專利是無效的；換句話說，防禦型專利也可以結合外部的資源。

• 攻擊性專利與防禦性專利的差異

攻擊型專利和防禦型專利在設計與發展上的思考方式不同：攻擊型專利必須具有較高的隔離機制能力以阻絕競爭者進入市場，當單一個專利無法提供強有力的阻絕功能，或是此技術處於發展初階而無法估計其可能路徑時，企業必須發展專利布局以先占據有利的位置。防禦型的專利則恰恰相反，其存在的目的就是避免市場有利位置或可能發展的技術路徑被完全「先占」，所以必須以專利分析、專利地圖找出可以生存的空間，再加以布局。

• 交易型專利

交易型專利是 Lopperi 和 Soininen（2005）特別提出的，主要用來吸引融資以及投資，因此對投資者和對公司購買者或技術購買者是重要的。企業會設法投資或獲得此類型的專利以使其在市場上居於可防禦的位置，而企業夥伴也可能需要此類型專利來做為專利布局。當客戶購買或獲得交易型專利時，新的專利權人可評估此專利的技術是否具有市場性，而值得繼續投資研發進行專利布局；或是因為獲得此專利而完成或強化其專利布局。

二、企業專利策略簡述

（一）企業專利策略分類、動機與功能

　　我們常聽過「企業專利策略」的說法，企業必須考慮專利策略的原因是當創新初期企業做決策時，需要考慮技術的專屬性保護問題，因此要考慮尋求法律的保護。企業專利策略是企業透過企業專利活動或專利行為，達成企業的經營目標，以協助企業建立市場優勢，並提升財務績效。以往一般認為企業專利策略是法律策略或技術上的決策，但最近愈來愈多的看法認為企業專利的決策應該提升至管理決策層級，對於專利策略的分類與動機，詹愛嵐（2012）[1] 引述 Knight 從三個層面定義專利策略：

- **對於產品**：專利策略是運用企業商務、技術以及法律資源來獲得最大的支持，進而實施的競爭與非競爭性策略安排。
- **對於技術領域**：專利策略是針對競爭對手，在市場條件下充分利用自身優勢實施研發管理的科學與藝術。
- **對於發明創新**：專利策略是企業為達目的所進行的周詳計畫，包括超越競爭對手。

　　Lichtenthaler（2007）[2] 將專利對外授權的策略動機分為三類：產品型策略動機、技術型策略動機和混合型策略動機。以產品為導向的授權主要是為了配合公司的產品和／或服務策略，其目的是為了進入國外市場、銷售產品和／或服務。技術型策略動機主要是強化公司的技術地位，以及將專利用來授權談判時的議價籌碼，以避免潛在的專利侵權訴訟，最終目的在保證經營自由；此外，獲得其他公司的技術投資組合也是目的之一。

---

[1] 詹愛嵐（2012），「企業專利戰略理論及應用研究綜述」，情報雜誌，5, 006。

[2] Lichtenthaler, U. (2007), "Corporate technology out-licensing: Motives and scope", World Patent Information, 29(2), 117-121.

Macdonald（2004）³ 提出常見專利策略造成的現象包括專利堆疊（Patent Stacking）、專利封鎖（Blocking）、專利群集和包圍（Clustering and Bracketing）、合併（Consolidatio），專利覆蓋和淹沒（Blanketing and Flooding）、閃電襲擊（Blitzkrieging）、圍籬和包圍（Fencing and Surrounding）等。因此專利策略應該具有以下功能：

- 形成圍繞關競爭對手所擁有的關鍵專利的專利叢林。
- 可阻止在競爭對手產品中使用類似發明的專利。
- 方便於擁有達成談判協議的專利布局。

（二）如何思考企業專利策略

在釐清專利功能與分類後，我們可以更容易思考專利是否能替企業獲利或創造競爭優勢。企業可以思考如何規劃配合企業策略的專利策略，包括是攻擊還是防禦？是主動還是被動？是維護還是放棄？是強化提升自主發展營運專利的能力比較重要？還是能生產專利再售與他人比較重要？專利也是公司風險管理的一部分，從風險分擔的角度來看，公司透過專利維護並保持發明和創作，以及生產產品的自由權利；但基於專利是公司研發成本投入後的產出，而研發投資其實具有高度風險，因此如果能增加專利的流動性（Liquidity），也就是增加其變現的機率，則可以分擔企業投入研發的風險。如果企業採取「無專利」的策略，企業必須採取其他策略來減少其專利侵權的風險，例如以契約和保險來取代專利布局，或是將自己有潛力的技術先出版公開，以免變成其他人申請成專利。事實上一些公司採取這樣的策略，例如 IBM 開放其對個人電腦的規格，以及特斯拉（Tesla）放棄其專利權力供大家使用，其背後都有特殊目的。例如 Tesla

---

3　Macdonald, S. (2004). "When means become ends: considering the impact of patent strategy on innovation", Information Economics and Policy, 16(1), 135-158.

眞正的決戰點在能源系統，也就是充電站的布建與回收，因此必須吸引更多的使用者以增加其系統成爲業界主流設計甚至技術標準的機會。由此我們可以推知，無專利的情形可以發生在技術草創、市場尚未確定主流設計的時機，其目的在建立規模經濟。如果是在技術較爲成熟的市場，實施無專利政策可能會有較高的風險。

另一方面，從專利的分類來看，雖然各國的專利制度與專利分類有所不同，但主要來說，專利主要分爲發明專利和設計專利，有些國家或地區則另有新型專利。新型專利的保護期限短、透過門檻低、取得相對容易，因此有些歐洲學者稱之爲新型是一個「較小的」專利。但就做爲專利訴訟的工具而言，發明專利和設計專利的價值和效力幾乎是一樣的，甚至有時設計專利更具說服力，因爲在某些情況下任何人不管有無技術背景，都可以直觀的判斷設計專利和侵權物品的相似性。因此在 Apple 和韓國三星的手機專利訴訟中，Apple 使用了大量的設計專利來控告三星產品的侵權，因此設計專利的功能不能輕忽。特別是設計專利常是發明專利的「副產品」，也就是當企業研發最終上市產品時，設計是必要的。因此對企業來說，有時設計專利的研發成本是相對低的，但設計專利也具有保護功能，所以相對發明專利而言，設計專利的效益可能更高。但新型專利卻不一定有這樣的效果，因爲新型專利並未經過實體審查，而在進入訴訟時才進行，因此可能會產生專利可能無效等無法預期的風險。

此外企業專利策略必須包括研發、創新、創作到專利運用並獲得競爭優勢的全部過程，因此必須包括創新策略、保護策略、取得與授與策略、管理策略、運用策略以及訴訟策略。但以往的專利策略思維並沒有配合企業經營策略，特別是沒有詳細說明如何能以企業經營的角度，理解專利如何能協助企業獲的企業優勢，而本書認爲企業專利策略應該必須與企業經營策略結合，並以達成企業競爭優勢爲目標。因此接下來本章將提出企業

專利競爭優勢策略，以彌補以往專利策略的不足。

三、專利競爭優勢策略──菱型模型

　　爲了改善以往專利策略較少與企業經營管理相關，本章因此提出了以企業競爭優勢爲策略目標的專利策略模型，稱爲「專利競爭優勢策略」模型，其模型見於圖 11-1。詳細的策略內容說明如後。

（一）專利競爭優勢策略的兩階段結構

　　本書先前曾詳細討論專利獲利的來源、專利與企業能力、專利與企業資源基礎、專利與創新和知識等，然後再討論企業能力、資源基礎、創新和知識達成企業競爭優勢的途徑。依循以上的思路，本書提出專利競爭優勢策略分成兩個階段：「專利發展階段」，以及「競爭優勢階段」。其中「專利發展階段」就包含了專利與企業能力、專利與企業資源基礎、專利與創新和知識的相關策略，而「競爭優勢策階段」就是專利如何協助企業經由企業能力、資源基礎、創新和知識等途徑達成企業競爭優勢的策略。以下再分兩階段說明。

（二）專利發展階段

　　在專利發展構面下，包括以下三個策略：

・持續創新策略

　　透過持續的創新有助企業永續的發展，因爲持續創新策略協助企業創新並累積知識，發展專利是持續創新的重要基礎：企業一方面因爲持續創新而申請、應用、管理專利，另一方面透過專利有利於知識累積和運用，這將有助於企業的創新和知識發展。所以，本策略的核心就是持續進行有創新性專利的開發。

- **資源累積策略**

　　前面章節曾經討論過，專利可作為企業獲取競爭優勢的重要資源，但能作為企業資源基礎的資源要能具有價值、稀少的、不可模仿的等條件。另一方面，具有「資源基礎特性」資源的企業，對企業開發高價值專利具有很大助益。所以，本策略的核心就是開發具有價值、稀少的、不可模仿的專利。

- **能力培養策略**

　　企業能力包括核心能力、動態能耐和吸收能耐；前面章節中也討論專利與企業能力的關聯性。所以，本策略的核心就是發展核心能力相關專利，並善用公司能力開發企業專利。所以本策略的核心就是在組織內發展專利的能力。根據我們的討論，以上三個策略中企業創新與知識、企業能力和企業資源和專利是交互正向影響的，因此在模型中是以雙箭頭來進行連結。

（三）競爭優勢階段

　　在專利發展競爭優勢階段下，包括以下三個策略：「尋租行為策略」、「優勢建立策略」、「價值創造策略」，其中的核心概念就是要使企業獲得利潤回報，因此策略的內涵就是企業的獲利方法。競爭優勢階段包括以下三個策略：

- **尋租行為策略**

　　如前所述，如果企業能具備有價值、稀少的、不可模仿的企業資源，則可透過尋租獲得高於正常利潤的超額利潤。同樣的，具備有價值、且稀少的、不可模仿的企業專利後，企業可透過尋租行為獲得高於正常利潤的超額利潤：這些尋租手段包括參與專利聯盟、發展技術標準，向對手要求

支付權利金，以及提起訴訟要求賠償等。從圖 11-1 的模型可以看出尋租行為策略必須和和資源累積策略配合，發展高價值專利才能進行尋租。

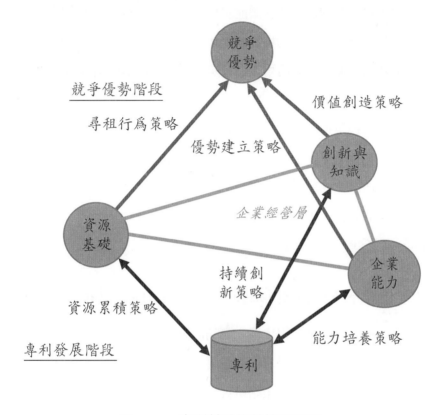

圖 11-1　專利競爭優勢策略模型

‧優勢建立策略

　　依照企業競爭優勢理論，企業的能力可以協助企業獲得市場優勢地位，使企業能阻擋競爭對手以獲得更多利潤。其中可以採取的做法最主要是專利產品化，利用排他權或其他方法禁止其他競爭者的商品進入市場。從圖 11-1 的模型可以看出優勢建立策略必須和能力培養策略配合。

• 價值創造策略

　　企業的創新與知識是企業發展、轉型並能持續生存的關鍵。可以協助企業獲得市場優勢地位，使企業能阻擋競爭對手以獲得更多利潤。透過持續創新產生的專利，再透過專利資本化、專利商品化，將專利價值提升或是創造其新的價值，如此將可讓企業專利獲利並創造競爭優勢。

• 結論

　　透過專利競爭策略，我們可以清楚地看出從專利發展階段採取的不同策略，對企業會產生不一樣的影響，讓企業產生能力、資源和創新與知識上的差異；而這樣的結果在競爭優勢階段時可以結合相關策略，為企業產生競爭優勢的條件。不同的企業可採取不同的稟賦條件和情境，採取不同的策略。

11.2　企業專利資源的開發——結合市場布局與專利布局

　　在前面的章節中曾經提出單一專利價值分析與專利布局的價值分析，兩者之間有些差異；特別是專利布局要導入經濟價值的考量，因為專利布局的成本相較是高的。因此策略研發投資決策不應僅基於技術考慮，而應考慮到市場需求，研究者在討論產品布局和商業布局時，提到 BCG 矩陣方法對產品層級策略的影響，也提出 Ernst（2003）提出利用 BCG 矩陣方法，透過市場吸引力將市場布局與專利布局相結合，如此的投資組合較有可能使研發與市場需求之間更為一致。

一、從產品布局到專利布局

　　專利布局（Patent Portfolios）現今已成為一個和專利有關的重要概念，專利布局的目的為了要增加對新技術投入資源的回收，市場營運銷售策略必須和研發策略需要協調一致。因此目前各種投資組合規劃的技術已

被廣泛用於支援策略的規劃。特別是基於客觀市場形勢和專利資料分析得到的證據，來做爲新技術投資的根據。專利布局的概念類似於產品的布局，產品的布局就是將企業的資源投資在不同的產品開發與生產上，然後將產品投入市場上以希望獲得回報。由於產品的類型不同，市場的型態不同，不同的產品需要不同的投資，因此在公司層次就構成了投資組合。而投資組合的目的在降低風險，使資源能夠最有效的應用，然後獲得最大的效益。在以往公司的資源偏重於有形資產的時代，以上的思考邏輯相對執行起來是較爲容易的；但在進入無形資產以及更複雜的競爭環境下，只考慮產品的布局是不足的，學者們早就提出產品的布局和商業布局最好要一起考量。

　　關於產品的布局，早在 1981 年 Wind 和 Mahajan（1981）[4] 就在《哈佛商業評論》（Harvard Business Review）上做過討論，Wind 和 Mahajan（1981）提到許多公司將產品布局決策視爲投資組合決策，每個產品都需要一定的投資，而公司提供各種產品線，並希望能獲得一定的回報，所以在業務視角下高層經理人的角色是確定構成投資組合的產品（或業務），並且將收益分配到這些投資上。因此要決定投資組合的分析時，必須花費相當大的心力資源在收集投資組合中的產品的數據，例如使用公司銷售和盈利能力的記錄和外部來源，例如市場份額、產業成長的數據，以做爲提供管理層判斷的關鍵因素。而這些數據必須要有準確性，而且如果使用消費者調查來了解產品的有效數據，則應檢查樣本的代表性和測量方式的準確性。當然，從多個來源獲取數據和措施將有助於保護數據的可靠性。在分析投資組合中每個產品要投入多少？通常也只能根據歷史數據判斷。

4　Wind, Y., & Mahajan, V. (1981), "Designing product and business portfolios", Harvard Business Review, 59(1), 155-165.

　　另一方面，Wind 和 Mahajan（1981）進一步討論產品布局的投資組合分析層次，依序是從產品線（或產品組或分部）開始，再透過一個策略事業單位（Strategic Business Unit, SBU）的產品組合，再到幾個 SBU 的組合，最終達到企業層面的投資組合。這樣的分析架構將允許在不同層次的分析評估相關策略，並協助指定和分配資源給 SBU 和產品線。Wind 和 Mahajan（1981）提到如通用電氣公司有五級組合方式：產品、產品線、市場劃分、業務單位和商業部門。但以個別的部門，如產品市場、產品、策略單位來區分，也有可能發生誤導：例如某些產品對公司是賺錢的，某些產品是有前景的，而某些產品是虧錢的。這些如果分開考量處理，也並不能將公司層次的資源做最佳分配。因此投資組合分析應首先在每個相關的市場細分和產品位置進行，然後在各個產品市場領域的較高層次進行。

　　回到對專利布局的思考，Wind 和 Mahajan（1981）提出的關於產品布局時資料蒐集以及的問題，在專利的領域是相對容易處理的，因為透過專利分析和專利資料庫的使用，我們可以得到精確的關於市場技術狀態及競爭者狀態的數據。而一般認為專利布局的功能在彌補單一專利在阻絕競爭者時能力的不足，因此一般對於專利布局的做法多半以專利分析後所得的結果做為決策依據。但這樣的做法有一個盲點：如果我們已經看到一個雛形的布局態勢，那麼這個領域的技術可能已經發展到一個階段了。此時投入的目的和能獲取的利益可能需要多加考慮。其實專利布局的真正意義有如投資的布局一樣，是設法將資產分散在最小風險、最大獲利的地方，高級管理層必須決定在哪種類型的技術上花費多少研發資源。而如何把研發資源投入在正確的方向，是技術管理重要的課題；因此專利布局和技術管理息息相關，因此要使用技術投資組合的觀點在專利布局決策上，但以往的作法會導致評估過於主觀、缺乏必要的資訊、沒有納入競爭對手考量等缺點，而以專利資料作為基礎的專利布局可以彌補此缺點。

二、BCG 矩陣分析

BCG 矩陣方法是由波士頓顧問集團（Boston Consulting Group, BCG）在 20 世紀 70 年代初開發的，BCG 矩陣將組織的每一個策略事業單位（SBUs）標在一種 2 維的矩陣圖上，因此 BCG 矩陣也劃分出 4 種不同的產品屬性：

• 明星型產品（Stars）

明星型產品意義類似公司的「明日之星」，指市場高成長，公司也具有高市場份額的產品；此領域中的產品處於快速增長的市場，並且在市場中占有支配地位；明星型產品不一定能替企業賺錢，而且因為市場還在高速成長，企業還必須繼續投資，以使企業能和市場同步成長，並擊敗競爭對手；因此對於明星型產品適合採用成長策略。

• 問題型產品（Question Marks）

問題型產品意義就是公司的「問題人物」，指市場高成長，但公司占有低市場份額的產品。這些屬於新業務的產品可能利潤很高，但公司占有的市場份額很小。公司必須投入大量資金來建立工廠、增加設備和人員，才能跟上市場的迅速發展。但因為這類產品一開始投入時有些投機性質，因此公司必須好好思考這個產品是否值得投入的問題：如果要把此產品發展成公司的明星產品，則要採取增加投資的成長策略；如果不是，則可能要縮小投資規模，也就是採用收縮型的策略。

• 金牛型產品（Cash Cows）

金牛型產品意義就是幫公司賺錢的「金牛」，這個領域中的產品為公司帶來大量的現金。公司在這產品的市場具有高份額，但未來的增長前景是有限的。也就是說，公司是成熟市場中的領導者，而此金牛型產品是企業目前現金的來源。但由於市場已經成熟，所以企業不必大量投資來擴展

市場規模，同時公司在該產品具有規模經濟和邊際利潤高的優勢。公司對於金牛型產品的目標應該是保持市場份額，所以應該採取較利於維持現狀的穩定型策略。

・瘦狗型業務（Dogs）

瘦狗型產品指的是在公司裡飼料很多卻長不肥的「瘦狗」，這領域中的產品不能產生大量的現金，還可能需要投入大量現金，且因生產效率不好，改善績效機會不大，甚至是賠錢的。但瘦狗型業務仍然會占去公司資源，如資金、管理部門的時間等，適合採用收縮型策略，將業務出售或清算業務，以便把資源轉移到更有利的領域。

BCG 矩陣的優點是將策略規劃和資本預算分配結合了起來，用兩個重要的衡量指標，將產品來分為四種類型後以相對簡單的分析來應對複雜的企業技術管理策略問題。該矩陣可以幫助多角化的公司確定該投資哪些產品？要從哪些產品賺取利潤？並刪除哪些產品以使業務組合達到最佳成效。

三、專利技術布局分析

Ernst（2003）提出了一個專利布局分析架構，如圖 11-2 表示。因為做策略性專利布局時，二維矩陣式是比較清楚、簡單又容易了解的工具。因此 Ernst（2003）發展一個二維矩陣，橫坐標表示公司的相對技術份額（Relative Technology Share），也稱為相對專利位置（Relative Patent Position）。所謂相對技術份額是將某特定公司在本書前面已定義的專利強度指標，與特定技術領域具有最高專利強度的領導企業做比較，所產生的相對專利強度；並分為強（Strong）、中（Medium）、弱（Weak）三區，這樣可以比較容易識別個別競爭公司與領先公司之間的距離。另一方

面，Ernst（2003）設定縱坐標設定爲專利成長率，也分爲強（Strong）、中（Medium）、弱（Weak）三區，並且專利成長率也代表某個技術領域的吸引力（Technological Field Attractiveness），因爲它代表了幾年來該技術領域專利的成長，理論上假設相對專利增長率高的技術領域將比相對專利增長較低的領域更有吸引力。每個特定公司在橫座標的位置可以由公司的行爲決定，而縱座標的值受相關領域所有申請專利的公司影響，因爲專利成長率是由該技術領域中所有參與公司共同決定的。

而圖中不同圓圈代表不同技術領域，其中圓圈的大小代表企業在此技術領域投資的強度。如果公司在技術領域中享有的技術份額高且該技術領域專利成長率高的區域，這代表該技術領域的市場吸引度高，且該公司在此技術領域處於較領先位置，因此公司會繼續增加研發支出並跟隨市場有較高的專利成長率。如果該公司在技術領域中享有的技術份額在中間，且該技術領域的專利成長率也是在中段，代表市場吸引力也是不夠高的，對於此類區域的投資，企業應該要小心思考。

圖 11-2 是一個 Ernst（2003）提出的一個虛擬專利布局例子，這家假設的公司在一些市場吸引力低，相對技術份額高的領域有大量的投資，這時必須判斷專利成長率低的原因是此類技術困難度高，以至於研發不易；還是此技術已達技術成熟期，各公司投入的意願已經不高了。此時公司管理層該考量將研發資源從較慢增長的技術領域移到較快增長的技術領域。一般而言，企業應該在相對專利成長率中間到高的、且相對技術份額相對較高的技術領域中增加研發支出。但在相對技術份額相對較高但相對專利增長率較弱的情況下，需要考慮策略選擇：包括從外部取得其他專利，或是減少投入此領域。

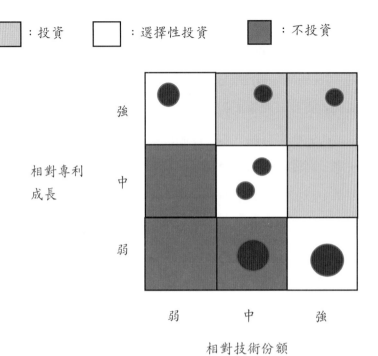

圖 11-2　專利組合示意圖〔Ernst（2003）〕

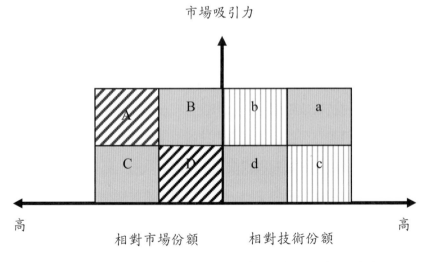

圖 11-3　專利組合與市場組合示意圖〔Ernst（2003）〕

四、專利布局與市場布局結合的分析

Ernst（2003）提出策略性研發投資決策不應僅基於技術考慮，而應考慮到市場需求。將專利組合與現有市場組合相結合，可以使研發與市場需求之間更為一致。Ernst（2003）選擇 BCG 的市場份額／增長矩陣做為市場布局分析工具，並與專利布局組合相結合。透過吸引力也就是市場增長的維度將專利和市場布局整合在一起，因為研發應與市場條件相一致。如圖 11-3 中專利與市場布局組合 Aa、Bb、Cc 和 Dd 布局的技術和產品都集中在市場和專利布局的相應領域；例如組合 Ba 代表市場增長高，但市場份額低，所以如果企業具有的強大技術優勢，則可能需要更多的行銷或銷售活動強化市場競爭力，或是乾脆放棄於此領域進行進一步的研發。

11.3 企業專利能耐的培養——以陶氏化學為例

陶氏化學公司（Dow Chemical Company）是全球知名化學公司，以研發能力和專利管理著稱。其全球智慧財產權與資本管理總監（Global Director, Intellectual Asset and Capital Management）Gordon Petrash 在 1996 年的《Dow's Journey to a Knowledge Value Management Culture》[5] 一文中對陶氏化學的智財管理做了剖析，我們可以從陶氏的經驗看出一家著重研發的公司如何培養及執行其內部關於智財的能力。

一、陶氏化學智財發展簡介

● 陶氏化學公司簡介

陶氏化學是由在 1897 年於美國生產幾種基本的化學品起家，一百年

---

[5] Petrash, G. (1996). Dow's Journey to a Knowledge Value Management Culture. European management journal, 14(4), 365-373.

後它成爲一家全球化的大型公司，擁有 15 個業務部門，超過 4000 名研發人員，生產超過 2000 種化工產品，在 1995 年的銷售額超過 200 億美金。在 1996 年陶氏在全球擁有 25,000 項專利，公司每年花費 3000 萬美金以上在維護和支援這些專利組合，包括：專利獲得、訴訟、協議等。

- **智財理念**

    (1)知識管理是對於客戶、股東和員工創造價值。

    (2)在 21 世紀企業智慧財產權將比有形資產更有價值。

    (3)智力資本和智慧資產結合創造「服務價值」（Service Value）。

    (4)智慧資產功能整合進公司經營策略思想。

    (5)定義智慧資本：陶氏化學定義智慧資本如下：

智慧資本（Intellectual Capital）＝人力資本（Human Capital）＋組織資本（Organizational Capital）＋客戶資本（Customer Capital）

- **專利對陶氏的意義**

    Gordon Petrash 認爲不斷發展的新流程和機會是一種更爲持續性的方式，並用來改變企業文化和發展新的商業機會，而專利符合這樣的標準。

二、陶氏的智慧資產管理

- **智慧資產管理步驟**

    (1)**確定智慧資產組合**：先確定財產的存在，然後將其組織並分類爲：「使用中」、「將使用」、「不使用」三種。判斷的策略有兩個階段：

    ① 將投資組合整合到商業策略中，以充分發揮財產的最大價值。

    ② 識別有效實施商業策略所需的投資組合中的智慧財產權差距。

(2)**使用技術評估工具進行調查**：陶氏評估專利中最有價值的工具是「專利樹」，該工具已在公司內使用了 15 年以上，它可直觀地組織本身的專利，以及任何或所有競爭對手的專利，並評估如優勢、保護範圍、封鎖和開放機會等。調查完成後，必須確定是否合資、授權、購買與外部來源進行合作研究，還是內部開發技術；並在適當的情況下獲得專利，再將智慧財產權權納入投資組合。

(3)**將智力資產整合到商業策略**：將智力資產整合到商業策略能產生槓桿作用獲得最大的價值，並在確定的策略差距之後，下一個投資階段即可進行。

・智慧資產管理團隊組成及功能

陶氏的智慧資產管理團隊（The Intellectual Asset Management Teams, IAMTs）有 75 個多功能團隊組成，負責管理智慧資產流程和投資組合業務。他們每年約進行兩到三次會議來審查投資組合，並就智慧財產權提出建議，其中最初只包括專利。智慧資產管理團隊幫助將智力資產問題納入商業策略和實施流程，從而將成本最佳化並獲得最大的財務槓桿。公司並設有「智慧資產管理技術中心」（The Intellectual Asset Management Tech Center）以支持 IAMTs 運作並負責綜合評估。而 IAMT 中的智慧財產權經理負責以下工作：

(1)發展和維護符合商業策略的智慧資產計畫。

(2)至少每年了解智慧資產組合一次。

(3)識別關鍵智慧資產。

(4)將智慧財產權分類。

(5)管理投資組合。

(6)在適當的情況下進行競爭性技術和組合評估。

(7) 領導和倡導 IAM 願景和流程實施。

(8) 提出授權、放棄、捐贈和利用智慧資產的建議。

Petrash 認為透過以上的努力，陶氏開發了所有關鍵專利的資料庫，並在業務、製造、專利、智慧財產權管理和研發功能間建立了共識；而在財務上的回報則是在 1994 年增加了 2500 萬美元的相關收入，這也引起許多企業意識到專利對整體業務的貢獻。此外，陶氏也放棄了許多可能不應該獲得專利的專利，並轉移給大學和非營利機構價值數百萬美元的技術。

三、對於專利的價值衡量

陶氏對於專利的衡量因素包括：

1. 受智財資產保護的銷售額的百分比（業務正在使用）。
2. 受智財資產保護的新業務計畫的百分比（業務將使用）。
3. 需要業務配合的技術相關競爭性智財資產的百分比。
4. 能透過重大／非典型智財資產管理行動為企業帶來價值。
5. 發明審查時間的通知。
6. 處理時間。
7. 到期預計成本。
8. 業務使用百分比。
9. 使否完成分類。
10. 關鍵專利案占成本的百分比。

四、未來發展——對智力資本的進一步開發

Gordon Petrash 對陶氏化學智財發展未來的看法是應該更在某種程度上盡量挖掘員工、客戶、供應商、競爭對手以及任何知識來源的知識，並最大限度地發揮現有知識的槓桿作用，以創造新的有價值的知識和智力資

本。陶氏並提出了三個方向：

- 更佳了解員工與組織的能力，並以陶氏所有的智力資本來實現企業的願景和目標。
- 要在陶氏內開展智力資本問題的對話，以及如何改進智力資本的管理和衡量。
- 發展和維護開發智力資本、人力資本的文件程序，這樣可將公司再度與員工產生連結。

五、陶氏對企業專利能耐的啟發

以上關於陶氏對智慧資本的開發與維護，雖然是上個世紀 90 年代的描述，但對於企業專利能耐有以下的啟發：

- 企業對智慧資本如專利等應有明確認知及願景，確認智慧資本有助企業價值創造。
- 智財工作有專業團隊進行，但必須全員參與，這將有助於新知識的產生，並可以協助公司改善組織及流程。
- 發展企業自己的評估工具和標準，因為別人的標準並不一定適用於自己；而且在發展評估工具和標準時，有助企業能力的培養。
- 企業專利的能耐不僅限於專利或技術，更涉及人力資本、客戶資本等。

・可行方案——減法原則

最後，關於企業專利能耐，本書的建議是企業應該從本身的企業目標、規模、資源等，汲取外部成功者的經驗，保留其核心精神；但對自己企業不需要、幫助不大以及能力無法負擔的部分可以用「減法原則」加以消去，盡量做到減少支出與收益落差，才是企業智財經營之道。

11.4　從專利價值鏈到專利價值行銷鏈

一、專利技術的價值

關於專利的價值，在第三章已討論了專利指標價值，但專利指標價值有以下幾個缺點：

- 專利指標價值是專利行內的專業語言，外界並不容易了解。
- 具專利指標價值的專利實際上不容易交易。

因此，事實上真正能產生價值的，還是將專利技術加以商業實施。而在技術發明、申請專利保護、商業化實施的過程中，才能一步一步產生價值。因此接下來我們將以「價值鏈」的角度來說明專利的價值，首先我們必須了解專利在商業化過程中相關的因素。Goddar 和 Moser（2011）[6] 以圖 11-4 說明專利技術的價值因素關係，目的在表示專利技術的價值是如何被驅動出來的。首先公告的專利代表的可能是一個技術的解決方案，其技術可能是產品、元件或製造相關的程序。而藉由實現產品的手段來開發技術的成功與否取決於產品的開發則和市場的吸引力、產業的結構以及和其他競爭者比較後的產品定位有關；而技術的收益則來自於成本降低以及產品的差異化使消費者願付較高價格購買等原因，也就是說技術的優勢來自於該產品對消費者而言產生的競爭優勢，以上的看法把技術和競爭策略做了連結。當法律保護的開發、評估市場與產業潛力，以及獲得競爭優勢的技術三者結合，並配合企業的互補性資產實行商業化以後，專利技術的價值才能真正被驅動出來。此時受到專利保護的技術價值包括了技術的價值，以及受保護權利的價值。

---

[6]　Munari, F., & Oriani, R. (Eds.). (2011), "The economic valuation of patents: methods and applications.", Edward Elgar Publishing.

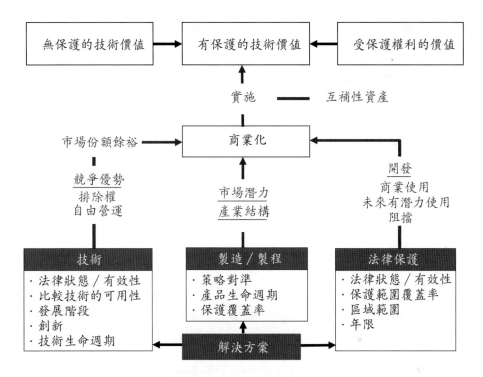

圖 11-4 專利技術的價值驅動〔Goddar & Moser（2011），載於 Munari & Oriani（2011）〕

　　Goddar 和 Moser（2011）提出的架構描述的是專利技術的價值，和一般所述的「專利價值」不完全相同。一般所稱的專利價值比較接近 Goddar 和 Moser（2011）所說「受到保護權利的價值」（Value of Protected Rights），也就是說光就保護此技術的權利就具有價值，而不需實施此專利；而這種專利價值評估的標準則是第三章所述的專利價值指標。而要能將這種「具價值的權利」變現，必須考慮的是無形資產的交易，如證券化、資本化、信託、保險、貸款等。而 Goddar 和 Moser（2011）所提出的架構是指將專利技術商業化實施後產生的價值，需要企業生產過程、互補性資產、競爭策略的配合；相較於只出售權利的方式，以專利技術商業化的方式產生專利的價值是牽涉較廣的。但從事實來看，這其實是企業較可

能從專利獲利的模式，也才更能代表專利的真實價值。

二、價值鏈的概念

　　在了解專利技術的價值是如何產生後，我們引入「價值鏈」（Value Chain）的概念來討論專利產生價值的過程。首先「價值鏈」是由 Michael Porter 所提出的，在 Porter 的觀念中，能增加企業價值的活動可分為兩類：一類是涉及企業製造生產、原料取得、加工處理、研究開發、產品設計與服務設計、售後服務等與企業營收直接相關的活動；而另一類則為支援企業運作的活動，包括人事、財務、計畫、市場研究、運輸、融資貸款、採購等活動。這兩者結合起來構成了企業的價值鏈，所以價值鏈是關於產品從原料到消費者最終使用的一系列過程中，開發與傳遞價值的一整套連鎖活動。但是實際上，只有某些特定的有價值活動才真正創造價值，而不是每個活動都能創造價值；因此企業的競爭優勢就是企業在價值鏈中某些特定活動所具有的優勢；核心競爭力則是企業要特別培養在價值鏈關鍵活動上能獲得的重要核心競爭力，以形成並鞏固企業的競爭優勢。如前所述，價值鏈分析界定了公司的行動及產生的經濟影響。企業價值鏈通常包括四個步驟：

- 定義策略業務單元。
- 界定關鍵活動。
- 定義產品。
- 確定行動的價值。

三、從價值鏈到價值行銷鏈

　　Porter 的價值鏈觀念雖然有助於了解企業活動的價值產生過程，但企業要如何將這些價值的訊息傳遞給消費者？並且使這些價值能有助於產品

或服務的行銷？針對此問題，MacStravic（1999）提出了「價值行銷鏈」的概念。MacStravic（1999）[7]認為 Porter 所提出的「價值」是客戶購買服務或商品的總體價值，也就是客戶願意為他們所獲得價值願意付出的代價。MacStravic（1999）另外提出了「價值行銷鏈」（Value Marketing Chain）的觀念，他認為價值行銷鏈與價值鏈不同之處在於，價值行銷鏈是將價值交付視為價值行銷過程中的一個步驟，而不是將價值行銷視為價值交付過程中的一個步驟。也就是說價值行銷鏈把「價值」作為「行銷」中每個環節的重點，並進行一系列步驟使組織行銷獲得最大成功。價值行銷鏈的核心概念是：只有當購買者期望並獲得超過為產品或服務付出的價值，他們才會變成永遠的顧客。

MacStravic（1999）提出的「價值行銷鏈」是由六個鏈接或步驟組成的，分別是：

1. 識別需要行銷的價值

(1)確認商品正確的前景和需要交付價值的客戶。

(2)確定與客戶和潛在客戶之間所需的最佳匹配。

2. 與潛在客戶和客戶溝通價值

透過產品行銷，首先安排客戶和組織共同設計產品的價值，而且該產品將圍繞著產品行銷溝通策略來進行設計和開發；並透過服務行銷優先傳達所欲傳遞的價值。

3. 遞送價值

確定將正確的價值傳達給適合的人員，但市場行銷服務的一大問題

7　MacStravic, S. (1999), "The Value Marketing Chain in Health Care", Marketing health services, 19(1), 14.

就是市場行銷人員可能無意中承諾價值不會或無法交付；而且在服務行銷中，行銷人員很少能夠控制客戶實際體驗的內容。

4. 追蹤以確保價值已被遞送

為了避免上述行銷過程可能無法交付價值，所以必須追蹤以確保預期的價值有實際被交付，並應將交付價值的測量值作為交付過程的一部分。追蹤過程將確定提供承諾的價值，或者至少回饋失敗的通知。

5. 提醒價值已被遞送

消費者和組織客戶的自我跟蹤以及對他們如何改進的看法的調查，可以提醒他們在價值提供者方面所獲得的價值。

6. 評估前五個步驟的結果

使用價值鏈行銷提供了提高客戶滿意度的機會，提醒客戶在特定的短期遭遇或情節中獲得的價值，增加和提高客戶對從企業所獲得長期價值的認識，最終將導致對進行價值行銷者更積極的看法和更高的鎖住效應。

四、專利價值鏈

以下我們將使用 Porter 的觀點來說明專利價值鏈，如圖 11-5 所示。專利的基本活動是知識開發與管理、專利探勘布局、專利資源生成、專利競爭策略；支持活動包括財務、企業能力和創新研發。我們進一步說明專利的基本活動：

- 知識開發與管理：企業管理既有知識並能吸收外部知識，整合而能開發新知識。
- 專利探勘布局：將特定技術發展成專利保護並進行布局保護。
- 專利資源生成：發展具價值性、稀少性、不可模仿性的企業獨特專利，使其能成為企業的資源。

- 競爭優勢策略：能使專利實踐競爭優勢已獲得利潤的策略，包括前述的尋租行為、建立優勢定位、以及價值創造三種策略。

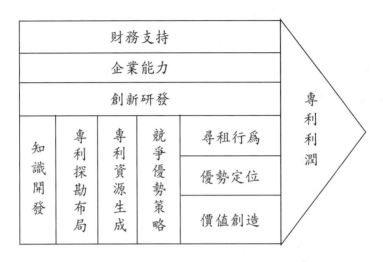

圖 11-5 專利價值鏈

五、專利價值行銷鏈

（一）交易型專利

如前所述，交易型專利是 Lopperi 和 Soininen（2005）特別提出的，主要用來吸引融資以及投資，企業會設法投資或獲得此類型的專利，以使其在市場上居於可防禦的位置。和營業秘密不同的是，專利是公開的文獻資料，可以公開討論沒有洩密疑慮，因此可以作為談判或交易的標的，供買賣雙方公開討論。交易型專利通常被小公司或創新者使用，因為其發展多半是較為特殊的或是較新穎的技術，可能是其他企業所必須。這樣的專利其價值決定於能為潛在買者提供的價值，類似於「價值行銷」的概念，交易型專利必須先創造價值，然後能與潛在客戶溝通其價值。交易型專利的價值決定於是否能對未來技術提供新的路徑，或是能與潛在客戶的現有

技術資源互補。

（二）專利的價值行銷鏈

在進行專利行銷時，最重要的是能提供滿足購買者需求，特別是能讓購買者感覺價值超過其所付出的專利。除了已做為技術標準的關鍵專利或策略性專利，其他的專利並不容易達成此目標。因此我們可以思考以前述的「交易型專利」結合「價值行銷鏈」，來提供有效專利行銷。由於「交易型專利」可以作為談判或交易的標的，供買賣雙方公開討論，因此可以進行在交易前的價值溝通。交易型專利通常被小公司或創新者使用，因為其發展的多半是較為特殊的或是較新穎的技術，可能是其他企業所必需。這樣的專利其價值決定於能為潛在買者提供的價值。使用交易型專利的價值行銷鏈可以表示如下：

- **識別專利對客戶的價值**

  (1) 確認專利的正確前景和要交付價值的客戶。

  (2) 確定與客戶和潛在客戶技術互補所需的最佳匹配。

- **與潛在客戶和客戶溝通專利價值**

  透過產品行銷，首先安排客戶和組織共同設計專利的價值，而且該專利將圍繞著行銷溝通策略來進行專利的設計和開發，甚至布局；並透過技術服務優先傳達所欲傳遞的價值。

- **遞送價值**

  確定並將正確的價值傳達給合適的人員，例如購買者如果是組織，則優先考慮將價值傳達給技術單位的技術守門人。和一般的產品和服務價值行銷鏈不同的是，專利的交易通常以互補、策略聯盟、協同合作為基礎；因此企業行銷專利的重點在於傳遞互補價值。

- **追蹤以確保價值已被遞送**

　　必須追蹤以確保預期的技術價值實際被交付，並應將交付價值的測量值作為交付過程的一部分。

- **提醒價值已被遞送**

　　提醒他們在價值提供者方面所獲得的價值，如此有利企業間的技術互補、策略聯盟、協同合作。

- **評估前五個步驟的結果**

　　一般使用價值鏈行銷主要提醒客戶在特定的短期遭遇或情節中獲得的價值，但專利是有保護期限的，而且由於技術演進速度加快，因此增加和提高客戶對從企業所獲得的長期價值的認識更為重要。但這些長期價值其實不再於專利的本身，而在於：

　　(1) 企業對其客戶的專利技術的長期提供能力。

　　(2) 企業對提供專利客戶的配合能力。

　　以往，專利行銷一直因為專利價值很難確定與估計而難以執行，但近年來已有研究者注意到，專利的產生轉向需求驅動。這代表專利的市場價值會決定在需求者的需求拉力，以及供應者的配合推力，而不是專利本身符合高價值專利指標的配合程度。這將有助於專利的行銷與開發的動力。

11.5　本章小結——企業類型與專利競爭優勢

　　本章 1 至 4 節說明企業建立專利競爭優勢的四個基本工作：企業專利策略的規劃、企業專利資源的開發、企業專利能耐的培養、企業專利價值的行銷；而專利的競爭優勢和專利經營策略間具有雙向的影響關係。另一方面，不同類型的企業，其經營策略不同和所需建立的專利競爭優勢也不同，分別說明如下。

• 新創公司的專利競爭優勢選擇

新創公司由於缺乏資金和資源、核心能力尚待建立以及市場占有率低等劣勢的條件，也就是缺乏互補性資產；因此更需要具有資源基礎優勢的專利，所以必須重視企業專利資源的開發。根據第 7 章的說明，當新創企業具有可被視爲資源基礎的專利，較容易獲得聲譽並獲得資金。因此在專利競爭策略上，建議採取資源累積的策略，發展出較具價值、不可模仿、稀少的、不可替代的專利及智慧財產權。而高科技新創公司其實多半擁有較有價值的技術，因此應該特別重視如何將技術轉化成具有法律保障的專利。此時新創公司要重視專利開發的過程，包括專利的探勘與布局，才能發展出具高價值的專利，而透過此過程，也能建立企業基本的專利能耐。

• 傳統產業的專利競爭優勢選擇

在全球經濟環境劇烈變化下，傳統產業最大的問題是來自轉型升級的需求與挑戰。傳統產業通常具有一定的資金和資源，一定市場占有率，但其問題來自缺乏核心能力及核心產品。此時應該著重在以持續創新研發，建立企業本身的專利能耐，包括專利申請、保護、營運、管理的能力。但許多傳統產業其實在生產製造、行銷通路、策略伙伴等互補性資產上具有一定的基礎，因此不一定要發展高價值的具有資源基礎優勢的專利，而可以漸進式創新的成果申請專利，再以互補性資產將專利加值或將專利商業化，再爭取市場的競爭優勢。

• 高科技企業的企業競爭優勢選擇

通常研發支出占公司營業額一定比例以上的企業被稱爲高科技產業，高科技產業面臨的問題並不是專利開發與研發能力不足，通常是爲了專利支出無法回收而苦惱。此時企業往往透過策略聯盟、交易媒合市場等方式，希望能透過這些管道找到需求者，然後將自己的專利授權或賣給對

方。但事實證明只有少數專利能有效透過以上模式獲利並回收部分的專利成本，多數的專利仍然乏人問津。此時企業應該思考的是，專利做為無形資產的一種，其銷售的原理其實和實體商品及有形資產類似，其價格與需求者眼中的價值有關。因此高科技企業應該往價值鏈行銷的方式思考，如何能從需求者價值的思考角度出發，才能有利於高科技公司的專利競爭優勢。

結　論

　　本書從基本的專利理論出發，討論了專利的獲利原理、價值評估、專利布局以及專利和企業的關係。另一方面本書從企業經營策略出發，探討專利和企業能力、專利和企業資源基礎、專利和創新與知識的關係，以及如何由專利協助企業獲得競爭優勢。最後本書提出企業必須整合專利與經營策略，規劃專利競爭優勢策略，並在此策略下有效開發企業專利資源，提升企業專利能耐，並對專利進行價值行銷，才能建立企業的專利競爭力。

　　本書有效的歸納和分析了專利和企業經營策略間的關係，並且使專利協助獲得競爭優勢的途徑明確化，這將使以往被視為兩個不同領域的專利理論和企業經營管理理論連結，以協助管理者更能理解專利對企業的功效。

　　對於專利實務工作者而言，本書除了提供一些不同的思考途徑，也希望藉由本書提供的框架式分析，能有助於實務上的靈活運用。因此如何使用專利達成企業競爭優勢，可能擁有其他更多途徑；也可以將本書所提出的架構打破做更多的組合。總之，讓專利與管理理論能夠相互溝通，本書只是嘗試性的邁出一小步，主要目的是希望能拋磚引玉，有更多相關的研究與討論出現。

📖 參考文獻

中文書籍

Ansoff, H. Igor（邵沖譯），（2010），「戰略管理」，北京：機械工業出版社。

Robbins, S. P., & Coulter, M.（林孟彥譯），（2005），「管理學」，臺北：華泰文化事業有限公司。

Henry Mintzberg, Joseph Lampel, Bruce Ahlstrand（林金榜譯），（2006），「明茲伯格策略管理」，臺北：商周出版。

大前研一（黃宏義譯），（1984），「策略家的智慧」，臺北：長河出版社。

王玉民，馬維野（2007），「專利商用化的策略與運用」，科學出版社。

吳思華（2001），「策略九說：策略思考的本質」，臺北：臉譜。

湯明哲（2003），「策略精論：基礎篇」，臺北：天下文化。

瞿海源 & 王振寰，（2003），「社會學與臺灣社會」，臺北：巨流。

中文期刊論文

吳錦錩（2006），「企業持續性競爭優勢構面——以臺灣自有品牌企業為例」，中華管理評論，第九卷二期。

李偉（2008），「企業發展中的專利：從專利資源到專利能力——基於企業能力理論的視野」，自然辯證法通訊，30(4), 54-58。

李偉（2011），「企業專利能力影響因素實證研究」，科學學研究，29(6), 847-855。

許惠珠（2003），「交易成本理論之回顧與前瞻」，*Journal of China Institute of Technology*, 28, 79-98。

黃孝怡 & 林建甫（2013），「國防專利制度中的激勵機制設計」，機械技師學刊，6(1), 1-6。

饒凱，孟憲，飛陳綺（2011），「英國大學專利技術轉移研究及其借鑒意義」，中國科技論壇，(2), 148-154。

陳明哲（2012），「預測競爭對手的回應：AMC分析法初探」，哈佛商業評論，75, 28-29。

劉常勇（2002），「第四代研發管理」，能力雜誌，臺北，94-99頁。

詹愛嵐（2012），「企業專利戰略理論及應用研究綜述」，情報雜誌，5, 006。

英文書籍

Laudon, K.C. and Laudon, J. P. (1997), "*Management Information Systems*", 2nd ed, Prentice Hall, Upper Saddle Rive.

Munari, F., & Oriani, R. (Eds.). (2011), "T*he economic valuation of patents: methods and applications*", Edward Elgar Publishing.

Parr, R. L., & Smith, G. V. (2005), "*Intellectual property: valuation, exploitation, and infringement damages*", John Wiley & Sons.

Porter, M.. E. (1985), "*Competitive Advantage*", New York.

Rothaermel, F. T. (2008), "Chapter 7 Competitive advantage in technology intensive industries", In *Technological Innovation: Generating Economic Results*, (pp. 201-225). Emerald Group Publishing Limited.

英文期刊論文

Allison, J. R., Lemley, M. A., Moore, K. A., & Trunkey, R. D. (2003),「Valuable patents", *Geo. Lj*, 92, 435.

Allred, B. B., & Park, W. G. (2007), "The influence of patent protection on firm innovation investment in manufacturing industries", *Journal of International Management*, 13(2), 91-109.

——(2007), "Patent rights and innovative activity: evidence from national and firm-level data", *Journal of International Business Studies*, 38(6), 878-900.

Amit, R., & Zott, C. (2001), "Value creation in e-business", *Strategic management journal*, 22(6-7), 493-520.

Barney, J. (1991), "Firm resources and sustained competitive advantage", *Journal of Management*, 17(1), 99-120.

——, J., Wright, M., & Ketchen Jr, D. J. (2001), "The resource-based view of the firm: Ten years after 1991", *Journal of Management*, 27(6), 625-641.

Blind, K., Edler, J., Frietsch, R., & Schmoch, U. (2006), "Motives to patent: Empirical evidence from Germany", *Research Policy*, 35(5), 655-672.

Breitzman, A., & Thomas, P. (2002), "Using patent citation analysis to target/ value M&A candidates", *Research-Technology Management*, 45(5), 28-36.

Burk, D. L., & Lemley, M. A. (2003), "Policy levers in patent law", *Virginia Law Review*, 1575-1696.

Chaturvedi, K., Chataway, J., & Wield, D. (2007), "Policy, markets and knowledge: strategic synergies in Indian pharmaceutical firms", *Technology Analysis & Strategic Management*, 19(5), 565-588.

Chen, M. J., & Miller, D. (2012), "Competitive dynamics: Themes, trends, and a prospective research platform", *The Academy of Management Annals*, 6(1), 135-210.

Chesbrough, H. W. (2006), "The era of open innovation", *Managing Innovation and Change*, 127(3), 34-41.

——(2012), Open innovation: Where we've been and where we're going", *Research-Technology Management*, 55(4), 20-27.

Chesbrough, H. (2007), "Business model innovation: it's not just about technology anymore", *Strategy & leadership*, 35(6), 12-17.

Cockburn, I. M., Kortum, S., & Stern, S. (2002), "Are all patent examiners equal?: The impact of characteristics on patent statistics and litigation outcomes", *National Bureau of Economic Research.*

Cohen, Wesley M.; Levinthal, Daniel A. (1990), "Absorptive Capacity：A New Perspective on Learning Innovation", *Administrative Science Quarterly*, 35, 1.

Cohen, W. M., Goto, A., Nagata, A., Nelson, R. R., & Walsh, J. P. (2002), "R&D spillovers, patents and the incentives to innovate in Japan and the United States", *Research policy*, 31(8), 1349-1367.

Coase, R. H. (1937), "The nature of the firm", *Economica*, 4(16), 386-405.

Ernst, H. (2003), "Patent information for strategic technology management",. *World Patent Information,* 25(3), 233-242.

Grabowski, H., & Vernon, J. (1986), "Longer patents for lower imitation barriers: The 1984 Drug Act", *The American Economic Review*, 76(2), 195-198.

Granstrand, O., "Strategic Management of Intellectual Property", http://www.ip-research.org/wp-content/uploads/2012/08/CV-118-Strategic-Management-of-Intellectual-Property-updated-aug-2012.pdf

Grant, R. M. (1991), "The resource-based theory of competitive advantage: implications for strategy formulation", *California Management Review*, 33(3), 114-135.

——, (1996), "Toward a knowledge-based theory of the firm", *Strategic management journal*, 17(S2), 109-122.

Grimaldi, M., Cricelli, L., Di Giovanni, M., & Rogo, F. (2015), "The patent portfolio value analysis: A new framework to leverage patent information for strategic technology planning", *Technological forecasting and social change*, 94, 286-302.

Grossman, S. J., & Hart, O. D. (1986), "The costs and benefits of ownership: A theory of vertical and lateral integration", *Journal of political economy*, 94(4),

691-719.

Hafeez, K., Zhang, Y., & Malak, N. (2002), "Core competence for sustainable competitive advantage: a structured methodology for identifying core competence", *IEEE transactions on engineering management*, 49(1), 28-35.

Hall, R. (1992), "The strategic analysis of intangible resources", *Strategic Management Journal*, 13(2), 135-144.

Harrigan, K. R., & DiGuardo, M. C. (2016), "Sustainability of patent-based competitive advantage in the US communications services industry", *The Journal of Technology Transfer*, 1-28.

Hart, O. (1989), "An Economist's Perspective on the Theory of the Firm", *Columbia Law Review*, 89(7), 1757-1774.

Helmers, C., & Rogers, M. (2011), "Does patenting help high-tech start-ups?", *Research Policy*, 40(7), 1016-1027.

Henderson, Rebecca M.; Clark, Kim B (1990), "Architectural innovation: the reconfiguration of existing product technologies and the failure of established firms", *Administrative Science Quarterly*, 35, 1.

Hsu, D. H., & Ziedonis, R. H, (2013), "Resources as dual sources of advantage: Implications for valuing entrepreneurial-firm patents", *Strategic Management Journal,* 34(7), 761-781.

Jacobides, M. G., Knudsen, T., & Augier, M. (2006), "Benefiting from innovation: Value creation, value appropriation and the role of industry architectures", *Research policy,* 35(8), 1200-1221.

Jaffe, A. B., & Palmer, K. (1997), "Environmental regulation and innovation: a panel data study」, *The review of economics and statistics*, 79(4), 610-619.

Jaider Vega-Jurado, Antonio Gutie 'rrez-Gracia and Ignacio Ferna' ndez-de-Lucio (2008), "Analyzing the determinants of firm's absorptive capacity:

beyond R&D", *R&D Management* 38, 4.

Jurgens-Kowal, T. (2010), "Burning the Ships: Intellectual Property and the Transformation of Microsoft by Marshall Phelps and David Kline", *Journal of Product Innovation Management*, 27(6), 930-931.

Kale, D., & Little, S. (2007), "From imitation to innovation: The evolution of R&D capabilities and learning processes in the Indian pharmaceutical industry", *Technology Analysis & Strategic Management*, 19(5), 589-609.

Krueger, A. O. (1974), "The political economy of the rent-seeking society", *The American economic review*, 64(3), 291-303.

Langinier, C., & Marcoul, P. (2009), "Monetary and Implicit Incentives of Patent Examiners" (No. 2009-22), University of Alberta, Department of Economics.

Lemley, M. A., & Sampat, B. (2012), "Examiner characteristics and patent office outcomes", *Review of Economics and Statistics*, 94(3), 817-827.

Leonard-Barton, Dorothy, (1995), "Wellsprings of Knowledge: Building and Sustaining the Sources of Innovation", University of Illinois at Urbana-Champaign's Academy for Entrepreneurial Leadership Historical Research Reference in Entrepreneurship.

Leydesdorff, L., & Meyer, M. (2006), "Triple Helix indicators of knowledge-based innovation systems: Introduction to the special issue", *Research policy*, 35(10), 1441-1449.

Li, S., Shang, J., & Slaughter, S. A. (2010), "Why do software firms fail? Capabilities, competitive actions, and firm survival in the software industry from 1995 to 2007", *Information Systems Research*, 21(3), 631-654.

Lichtenthaler, U. (2007), "Corporate technology out-licensing: Motives and scope", *World Patent Information*, 29(2), 117-121.

Locke, J. (2014), "Second Treatise of Government: An Essay Concerning the

True Original", *Extent and End of Civil Government*, John Wiley & Sons.

Lopperi, K., & Soininen, A. (2005), "Innovation and knowledge accumulation? An intellectual property rights perspective", In *Sixth European Conference on Organizational Knowledge, Learning, and Capabilities*, pp. 17-19.

Macdonald, S. (2004). "When means become ends: considering the impact of patent strategy on innovation", *Information Economics and Policy*, 16(1), 135-158.

MacStravic, S. (1999), "The Value Marketing Chain in Health Care", *Marketing health services*, 19(1), 14.

Menell, P. S. (2003), " Intellectual Property: General Theories"

Moser, P. (2005), "How do patent laws influence innovation? Evidence from nineteenth-century world's fairs", *The American Economic Review*, 95(4), 1214-1236.

Ndofor, H. A., Sirmon, D. G., & He, X. (2011), "Firm resources, competitive actions and performance: investigating a mediated model with evidence from the in-vitro diagnostics industry", *Strategic Management Journal*, 32(6), 640-657.

Nordhaus, W. D. (1967), "The optimal life of a patent (No. 241)", *Cowles Foundation for Research in Economics*, Yale University.

——(1972), "The optimum life of a patent: Reply", *The American economic review*, 62(3), 428-431.

OECD, "Intellectual Assets and Value Creation: Synthesis Report", http://www.oecd.org/sti/inno/oecdworkonintellectualassetsandvaluecreation.htm，最後瀏覽日期：2017/08/21.

Oubrich, M., & Barzi, R. (2014), "Patents as a source of strategic information: The inventive activity in Morocco", *Journal of Economics and International*

Business Management, Vol. 2(2), pp. 27~35.

Oxley, J. E. (1999), "Institutional environment and the mechanisms of governance: the impact of intellectual property protection on the structure of inter-firm alliances", *Journal of Economic Behavior & Organization*, 38(3), 283-309.

Pisano, G. P., & Teece, D. J. (2007), "How to capture value from innovation: Shaping intellectual property and industry architecture", *California Management Review*, 50(1), 278-296.

Petrash, G. (1996)., "Dow's Journey to a Knowledge Value Management Culture", *European management journal*, 14(4), 365-373.

Prahalad, C. K., & Hamel, G. (1990), "The core competence of the corporation", *Harvard Business Review*, 68(3), 79-91.

Rivette, K. G., & Kline, D. (2000), "Discovering New Value in Intellectual Property", *Harvard Business Review*, 78(1), 54-66.

Schankerman, M. (1998), "How valuable is patent protection? Estimates by technology field", *The RAND Journal of Economics*, 77-107.

Scherer, F. M. (1972), "Nordhaus' theory of optimal patent life: A geometric reinterpretation", *The American Economic Review*, 62(3), 422-427.

Schulze, Anja, Hoegl, Martin (2008), "Organizational knowledge creation and the generation of new product ideas: A behavioral approach", *Research Policy*, 37, 1742-1750.

Seaton, Roger AF, and M. Cordey-Hayes, (1993) "The development and application of interactive models of industrial technology transfer", *Technovation* 13.1: 45-53.

Silverman, B. S. (1999), "Technological resources and the direction of corporate diversification: Toward an integration of the resource-based view and transaction cost economics", *Management Science*, 45(8), 1109-1124.

Teece, D. J. (1986), "Profiting from technological innovation: Implications for integration, collaboration, licensing and public policy", *Research policy*, 15(6), 285-305.

—— (2006), "Reflections on 'profiting from innovation' ", *Research Policy*, 35(8), 1131-1146.

Teece, D. J., Pisano, G., & Shuen, A. (1997), "Dynamic capabilities and strategic management", *Strategic Management Journal*, 509-533.

Teece, David J. (2007), "Explicating Dynamic Capabilities-The nature and microfoundations of sustainable enterprise performance", *Strategic Management Journal*, 28. (11/6).

Teles, N., " In search of an evolutionary theory of the firm"

Tu, S. (2012), "Luck/unluck of the draw: an empirical study of examiner allowance rates", *Stan. Tech. L. Rev.*, 10.

Wang, C. L., & Ahmed, P. K. (2007), "Dynamic capabilities: A review and research agenda", *International Journal of Management Reviews*, 9(1), 31-51.

Wernerfelt, B. (1984), "A resource-based view of the firm", *Strategic Management Journal*, 5(2), 171-180.

—— (1989), " From critical resources to corporate strategy", *Journal of General Management*, 14(3), 4-12.

Wechtler, H., & Rousselet, E. (2012), "Research And Methods In Competitive Dynamics: Review And Perspectives", In *EURAM 2012*.

Wind, Y., & Mahajan, V. (1981), —"Designing product and business portfolios", *Harvard Business Review*, 59(1), 155-165.

Yoo, C. S. (2012), "Copyright and personhood revisited"

Zahra, S. A., Sapienza, H. J., & Davidsson, P. (2006), "Entrepreneurship and dynamic capabilities: A review, model and research agenda", *Journal of Management studie*s, 43(4), 917-955.

網頁

臺灣積體電路公司網站，http://www.tsmc.com.tw/chinese/dedicatedFoundry/ services/index.htm，最後瀏覽日：2017/07/25。

劉啓群，「無形資產之會計處理」，www.sfb.gov.tw/fckdowndoc?file=/95 年12月專題一.doc&flag=doc，最後瀏覽日：2017/08/24。

3dprinting.com, "Expiry of Patents in 3D Printing Market to Decrease Product Costs and Increase Consumer Orientation", https://3dprinting.com/news/ expiry-of-patents-in-3d-printing-market-to-decrease-product-costs-and- increase-consumer-orientation/，最後瀏覽日：2017/07/25。

FiercePharma, "Top 10 U.S. patent losses of 2017", http://www.fiercepharma. com/special-report/top-10-u-s-patent-losses-2017，最後瀏覽日： 2017/08/24。

Rai Technology University, "Strategic_Management", : http://164.100.133.129: 81/eCONTENT/Uploads/Strategic_Management.pdf，最後瀏覽日期： 2017/08/21。

國家圖書館出版品預行編目資料

專利與企業經營策略／黃孝怡著. ――初
版.――臺北市：五南，2018.01
　　面；　公分
ISBN 978-957-11-9493-6（平裝）
1.專利　2.企業經營　3.企業策略
440.6　　　　　　　　　106021210

5A22

專利與企業經營策略

作　　者 ― 黃孝怡（310.5）

發 行 人 ― 楊榮川

總 經 理 ― 楊士清

主　　編 ― 王正華

責任編輯 ― 金明芬

封面設計 ― 姚孝慈

出 版 者 ― 五南圖書出版股份有限公司

地　　址：106台北市大安區和平東路二段339號4樓

電　　話：(02)2705-5066　　傳　真：(02)2706-6100

網　　址：http://www.wunan.com.tw

電子郵件：wunan@wunan.com.tw

劃撥帳號：01068953

戶　　名：五南圖書出版股份有限公司

法律顧問　林勝安律師事務所　林勝安律師

出版日期　2018年1月初版一刷

定　　價　新臺幣400元